从新手到高手

中视频+短视频
拍摄及运营
从新手到高手

刘大智／编著

U0286012

清華大學出版社
北 京

内 容 简 介

短视频与中视频是时下火爆的自媒体创业方向。本书集中讲解如何拍摄、剪辑、上传、运营短视频与中视频，以及如何依靠视频在各个短视频、中视频平台获得能匹配自身价值的变现收入。

本书内容丰富，初学者在阅读学习后，能对短视频、中视频的创作与运营有一个全局性的了解。作者有丰富的视频平台运营经验，书中讲述的诸多实战技巧皆经作者验证可行，这些内容对于已经有一定短视频与中视频创作、运营经验的学习者也非常有帮助。

本书特别适合于希望在抖音、快手等短视频平台，以及 B 站、西瓜等中视频平台做自媒体创业的读者，也可作为教材应用于媒体、新闻、传播等与短视频、中视频相关的专业。

图书在版编目 (CIP) 数据

中视频＋短视频拍摄及运营从新手到高手 / 刘大智编著 . —北京：清华大学出版社，2023.3
（从新手到高手）
ISBN 978-7-302-62927-6

Ⅰ.①中… Ⅱ.①刘… Ⅲ.①视频制作②网络营销 Ⅳ.① TN948.4 ② F713.365.2

中国国家版本馆 CIP 数据核字 (2023) 第 038499 号

责任编辑： 陈绿春
封面设计： 潘国文
版式设计： 方加青
责任校对： 胡伟民
责任印制： 朱雨萌

出版发行： 清华大学出版社
　　　　　网　　　址：http://www.tup.com.cn，http://www.wqbook.com
　　　　　地　　　址：北京清华大学学研大厦 A 座　　　　邮　　编：100084
　　　　　社 总 机：010-83470000　　　　邮　　购：010-62786544
　　　　　投稿与读者服务：010-62776969，c-service@tup.tsinghua.edu.cn
　　　　　质 量 反 馈：010-62772015，zhiliang@tup.tsinghua.edu.cn
印 装 者： 三河市君旺印务有限公司
经　　销： 全国新华书店
开　　本： 188mm×260mm　　　**印　张：** 16　　　**字　数：** 542 千字
版　　次： 2023 年 5 月第 1 版　　　**印　次：** 2023 年 5 月第 1 次印刷
定　　价： 99.00 元

产品编号：096735-01

前言
INTRODUCTION

短视频与中视频是时下火爆的自媒体创业方向。本书集中讲解如何拍摄、剪辑、上传、运营短视频与中视频，以及如何依靠视频在各个短视频、中视频平台获得能匹配自身价值的变现收入。

本书内容丰富，初学者在阅读学习后，能对短视频、中视频的创作与运营有一个全局性的了解。作者有丰富的视频平台运营经验，书中讲述的诸多实战技巧皆经作者验证可行，这些内容对于已经有一定短视频与中视频创作、运营经验的学习者也非常有帮助。

全书共 12 章，分为两大部分。

第一部分是第 1 章~第 6 章，主要帮助创作者掌握如何创作出一个合适的短视频或中视频，其中涉及拍摄、脚本、镜头语言、剪辑、上传等创作视频的各个环节。

第二部分是第 7 章~第 12 章，主要讲解运营视频的方法。其中不仅涉及账号定位、算法推荐、提升完播率、评论率等各个平台通用的运营技巧，还分别讲解了 B 站、西瓜视频创作平台的具体使用方法及各自的特色功能。

无论是短视频还是中视频，均属于移动互联网中变化非常快的领域，加之图书本身是一个长周期产品，从本书开始撰写到最终读者拿到书开始阅读学习，时间跨度可能长达半年甚至一年。因此，如果想在这两个领域深耕，必须要有与时俱进的学习心态与具体的落实方法，以确保自己学习、了解到最新的平台规则、创作手法。如果在实践操作时，发现各个平台的某些功能界面与书中所示有所出入，也不必惊慌，只需按书中讲述的基本操作逻辑略加变通即可。

考虑本书对视频剪辑讲解较少，编者特意录制了近 9 小时的剪映教学视频课，并整理了 24 类 2400 个抖音优质账号资源，随书附赠给读者，获取方式请用微信扫描下面的二维码。如果有任何技术问题，请用微信扫描相应二维码，联系相关人员进行解答。

视频及资源获取方式

技术支持

编 者

2023年4月

目录
CONTENTS

❖ 第一部分

第1章
中视频、短视频与长视频的区别

第2章
让视频更好看的构图及用光基本美学理论

第3章 手机与相机录制视频的操作方法

第4章 拍视频必学的镜头语言与脚本

第 5 章
打下学习剪映的基础

第 8 章

B 站的视频创作理论与实践

第 9 章

了解短视频变现方式、推荐算法与常见误区

第 10 章
掌握短视频 7 大构成要素创作方法

第 11 章
掌握视频运营技巧并快速涨粉

第 12 章

利用 DOU+ 付费广告为短视频助力

第 1 章

中视频、短视频
与长视频的区别

1.1 长、中、短视频的 6 个区别

想要拍好中视频或短视频，首先要搞懂长视频、短视频、中视频的界定标准及区别。

下面通过 6 个维度来区分长、中、短视频。

1.1.1 时长维度区分

时长是长、中、短视频的最大区别之一。

短视频指时长在 1 分钟以下的视频。

中视频指时长在 1 分钟以上、30 分钟以下的视频。

长视频指时长在 30 分钟以上的视频。

1.1.2 画幅比例角度区分

短视频大多以 9 ∶ 16 的竖屏为主，图 1-1 所示为抖音平台的视频截图。

中视频和长视频以 16 ∶ 9 的横屏为主，图 1-2 所示为西瓜视频平台的视频截图。

图 1-1

图 1-2

1.1.3 内容角度区分

短视频的内容多以娱乐、生活趣事、个人感悟为主，视频内容简单，节奏较快，表现手法较为夸张。

中视频的内容以科普、知识为主，能够完整地向观众阐述知识点，例如，讲解双缝干涉实验、展示一件手工品的完整制作过程等，中视频的内容质量、制作难度和内容专业性通常高于短视频。

长视频内容的常见类型是综艺、影视剧。

1.1.4 创作者角度区分

大部分短视频的生产者是个体用户，制作作品花费的时间和成本相对较低。

创作中视频需小型团队或能力比较强的个人，因为涉及脚本、拍摄、剪辑、上传等多个工作环节。

创作长视频需要完整的中大型团队，制作成本非常高，由于回报不确定，因此风险性也高。

1.1.5 观看方式区分

短视频得益于短小精悍，观众无须刻意留出时间，等电梯、排队做核酸等这样的零碎时间就能观看几十个视频，因此，观看场景通常都是碎片化时间场景。

而中视频和长视频由于需要连续长时间观看，因此观众对内容的期望值、对视频质量的要求，以及对自己观看时的空间都有一定要求。

图 1-3

1.1.6 收益方式区分

中视频及短视频创作者均可以通过视频带货、商单、直播等形式变现。例如，图 1-3 所示为 B 站创作者在视频的评论区置顶了商品的购买链接，点击链接后即可跳转至图 1-4 所示的商品购买平台，粉丝下单后，创作者即可收到商品佣金。

此外，中视频还可依靠播放量直接获取流量分成。

长视频通常需要与平台签定合作协议，由视频平台采买，并通过播放量来获得一定分成。

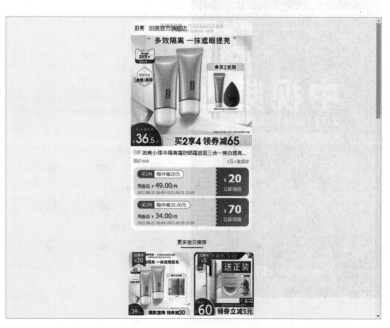

图 1-4

1.2 中视频为什么会成为下一个爆发点

2020 年 10 月，西瓜视频总裁任利锋在西瓜 PLAY 好奇心大会上首次对外阐释了"中视频"的概念，并使此概念在视频行业被广泛讨论。

彼时，视频行业对于中视频到底是概念还是真蓝海仍有疑虑，主要有以下三个问题困扰着大家。

中视频真的有人看吗？如何保证优质内容的供给？中视频怎么赚钱？

但在互联网视频领域，短视频用户数量见顶，抖音和快手"双巨头"格局已经成形，各大视频平台都希望寻找到新的市场增长点。

在这样的背景下，中视频无论有多少问题，都是视频行业必须探索的新方向。因此，当字节跳动大力推出中视频伙伴计划后，各大视频平台也开始踊跃跟进。

站在 2022 年 9 月的时间节点上向回看，一系列数据表明，视频行业对中视频的价值预期基本兑现。

在西瓜视频、抖音、今日头条三端的中视频观看数据持续增长，2021 年下半年同比上半年条数增长 98%，播放量同比增长 25%。

即便在抖音这样的公认短视频平台，中视频的消费时长占比也超过了 40%。

从创作者角度来看，中视频比长视频制作成本低、变现难度更低，比短视频又更能承载更多创意和内容。

从平台角度来看，中视频播放数据好、用户黏性高。

从广告商角度来看，中视频内容完整、产品透出率高，能充分触达受众。

正是由于这样的特性，使中视频成为创作者、用户、平台、广告商均认可的新方向。

图 1-5 ~ 图 1-7 所示是西瓜视频、头条与抖音联合推出的中视频发展趋势报告，其数据具有一定的代表性。

图 1-5

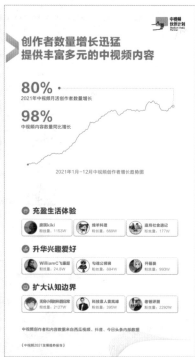

图 1-6

图 1-7

1.3 创作者如何学习创作中视频与短视频

图 1-8 所示是在抖音平台上传短视频的界面，图 1-9 所示是在 B 站上传一个中视频的界面。

图 1-8

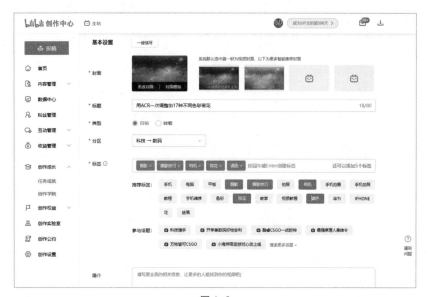

图 1-9

单纯从视频的维度来看，都涉及前期拍摄视频、剪辑视频，中期上传时撰写视频标题、话题、关键词、制作视频封面等基本操作。

因此，对于创作者而言，掌握视频拍摄、视频剪辑、标题撰写思路、封面制作方式等共性知识后，可以通用于短视频、中视频创作领域。

这也意味着，当各位创作者在阅读本书时，无论知识点是划分在短视频相关章节，还是中视频相关章节，都要有意识地拓展理解这些知识点。

虽然，前面是以前期拍摄视频、剪辑视频，中期撰写视频标题、话题、关键词、制作视频封面等基本操作举例。但实际上在运营层面，例如，账号定位、推荐算法、提升完播率等方面，也同样需要创作者在学习过程中举一反三。

1.4 值得创作者关注的 8 大视频平台

虽然，目前有不少视频平台，如百家号、西瓜视频、火山小视频、抖音、快手、企鹅号、头条号、B 站、奇艺号、微信视频号、大鱼号、贴吧视频号、优酷号、小红书、搜狐号、网易号、一点号、知乎、微博视频号，但由于创作者精力有限，加上许多视频平台收益一般。因此，建议创作者重点关注抖音、快手、西瓜视频、B 站、小红书、百家号、头条号、微信视频号这 8 大视频平台，其他的平台可待有团队或有多余的精力时再关注。

如果还要从这 8 个平台里再选择出重点关注对象，建议关注抖音、快手、西瓜视频和百家号。

让视频更好看的构图
及用光基本美学理论

2.1 摄影构图与摄像构图的异同

对于视频拍摄创作者来说，无论是摆拍场景还是在室外拍摄随机场景，都必须要有意识地运用构图、光线技巧来优化视频画面。毕竟，视频画面总是先于文字与语音给浏览者第一印象，如果能够通过优美的画面吸引浏览者，则视频完播率、点赞率等数据才会较为优秀。在这方面李子柒可以说是佼佼者，她的视频画面唯美、优雅，值得视频创作者学习借鉴，如图 2-1 所示。

考虑到当前视频时代，许多视频创作者是从摄影师转行，或者将摄影构图知识运用于视频拍摄领域，因此接下来有必要对摄影构图与摄像构图的异同进行阐述。

图 2-1

2.1.1 相同之处

两者的相同之处在于，视频画面也需要考虑构图，而在考虑构图手法时，所应用到的知识也与静态的摄影构图没有区别。所以，在欣赏优秀的电影、电视时，将其中的一个静帧抽取出来欣赏，其美观程度不亚于一张用心拍摄的静态照片。

2.1.2 不同之处

由于视频是连续运动的画面，所以构图时不仅要考虑当前镜头的构图，还需要统合考虑前后几个镜头，从而形成一个完整的镜头段落，以这个段落来表达某一主题。所以，如果照片是静态构图，那么视频可以称为动态构图。

例如，要表现一个建筑大楼，如果采用摄影构图，通常以广角镜头来表现。而如果在拍摄视频时，首先以低角度拍摄建筑的局部，再从下往上摇镜头，则更能表现其雄伟气派，因为，这样的镜头类似于人眼的观看方式，所以更有身临其境的感觉。

所以，在拍摄视频时，需要分镜头脚本，以确定每一个镜头表现的景别及要重点突出的内容，不同镜头之间相互补充，然后通过一组镜头形成完整的作品。

正因如此，在视频拍摄过程中，要重点考虑的是一组镜头的总体效果，而不是某一个静帧画面的构图效果，要按局部服从整体的原则来考虑构图。

当然，如果每一个镜头的构图都非常美观是最好的，但实际上，这很难保证，因此，不能按静态摄影构图的标准来要求视频画面的构图效果。

2.2 主体陪体一定要分清

2.2.1 "主体"一定要突出

"主体"指拍摄中所关注的主要对象，是画面的主要组成部分，也是集中观赏者视线的中心和画面内容的主要体现者。

主体可以是单一对象，也可以是一组对象；可以是人，也可以是物，如图 2-2 所示。

主体是构图的中心，画面构图中的各种元素都围绕着主体展开。

因此，主体有两个主要作用，一是表达内容，二是构建画面。

2.2.2 "陪体"不能喧宾夺主

所谓"陪体"，是相对于主体而言的。通常陪体分为两种，一种是和主体相一致或加深主体表现，用来支持和烘托主体；另一种是和主体相互矛盾或背离的，拓宽画面的表现内涵，其目的依然是为了强化主体。

图 2-2

图 2-3

陪体必须是画面中的陪衬，用以渲染主体。陪体在画面中的表现力不能强于主体，不能本末倒置。

图 2-3 所示就是通过陪体来支持和烘托主体。如果没有枯黄的落叶作为前景，画面的空间感和深秋的氛围感就会大打折扣。

在实际拍摄中，视频创作者一定要关注主体之外的陪体，尤其是在摆拍时，一定要刻意在画面中安排陪体，以美化画面、烘托主体。

2.3　5 个使画面简洁的方法

画面简洁的一个重要原因就是力求突出主体。下面介绍 5 个常用的使画面简洁的方法。

2.3.1　仰视以天空为背景

如果拍摄现场太过杂乱，而光线又比较均匀，可以用稍微仰视的角度进行拍摄，以天空为背景营造比较简洁的画面。

可以根据画面需求，适当调亮画面或压暗画面，使天空过曝成为白色或变为深暗色，以得到简洁的背景，这样主体在画面中会更加突出，如图 2-4 所示。

图 2-4

2.3.2　俯视以地面为背景

如果拍摄环境中的条件限制太多，没有合适的背景，也可以以俯视的角度进行拍摄，将地面作为背景，从而营造出比较简单的画面。使用这种方法时可以因地制宜，例如在水边拍摄时，可以让水面作为背景；在海边拍摄时，可以让沙滩作为背景；在公园拍摄时，可以让草地作为背景，如图 2-5 所示。

如果俯视拍摄时元素也显得非常多且杂乱，要注意使用手机的长焦段或给相机安装长焦镜头，只拍摄局部特写。

2.3.3　找到纯净的背景

图 2-5

要想画面简洁，背景越简单越好。由于手机不能营造比较浅的景深，也就是背景不可能虚化得非常明显。

为了使画面看起来干净、简洁，最好选择比较简单的背景，可以是纯色的墙壁，也可以是结构简单的家具，或者画面内容简单的装饰画等。背景越简单，被摄主体在画面中就越突出，整个画面看起来也就越简单、明了，如图 2-6 所示。

此时，一定把握简洁的度，视频不同于照片，在短视频平台中过于简单的画面，对观众的吸引力较弱。

图 2-6

2.3.4 故意使背景过曝或欠曝

如果拍摄的环境比较杂乱、无法避开，可以利用调整曝光的方式来达到简化画面的目的。根据背景的明暗情况，可以考虑使背景过曝成为一片浅色或欠曝成为一片深色。

要让背景过曝，就要在拍摄时增加曝光；反之，应该在拍摄时降低曝光，让背景成为一片深色，如图 2-7 所示。

2.3.5 使背景虚化

利用朦胧虚化的背景，可以有效突出主体，增加视频画面的电影感。目前大部分手机均有人像模式、大光圈模式和中微距模式，可以使用这些模式虚化背景。

如果使用的是相机，则可以用大光圈或长焦距来取得漂亮的虚化效果。

此外，近距离拍摄主体，或让主体与背景拉开较远距离，可以增强虚化效果，如图 2-8 所示。

图 2-7

图 2-8

2.4　9 种常用的构图法则

构图法则是经过实践检验的视觉美学定律，无论是拍摄照片还是拍摄视频，只要在拍摄过程中遵循这些构图法则，就能够使视频画面的视觉美感得到大幅度提升。下面介绍 9 种常用的构图法则。

2.4.1　三分法构图

三分法构图是黄金分割构图法的一个简化版，以 3×3 的网格对画面进行分割，主体位于任意一条三分线或交叉点上，都可以得到突出表现，且给人以平衡、不呆板的视觉感受。如图 2-9 所示，将人物置于画面的三分线位置，使其成为画面的兴趣点。

现在大多数手机、相机都有网格线辅助构图功能，可以帮助创作者进行三分法构图。

图 2-9

2.4.2　散点式构图

散点式构图看似很随意，但一定注意点与点的分布要匀称，不能出现一边很密集，另一边很稀疏的情况，否则画面会给人一种失重的感觉。

选择散点式构图时，点与点之间要有一定的变化，如大小对比、颜色对比等，否则画面会显得很呆板。

这种构图形式常用于拍摄花卉、灯、糖果等静物题材，如图 2-10 所示。

图 2-10

2.4.3　水平线构图

水平线构图能使画面向左右方向产生视觉延伸感，增加画面的视觉张力，给人以宽阔、安宁、稳定的画面效果。在拍摄时可根据拍摄对象的具体情况，安排、处理画面的水平线位置。

如图 2-11 所示的 3 张照片，根据画面所要表达的重点不同，使用了 3 种不同高度的水平线构图方式。

如果想着重表现地面景物，可将水平线安排在画面的上 1/3 处，避免天空在画面中所占比例过大，如图 2-11(a)

所示。

反之，如果天空中有变幻莫测、层次丰富、光影动人的云彩，可将画面的表现重点集中于天空，此时可调整画面水平线，将其放置在画面的下 1/3 处，从而使天空在画面中的比例较大，如图 2-11(b) 所示。

除此之外，还可以将水平线放置在画面中间位置，以均衡对称的画面形式呈现开阔、宁静的画面效果，此时地面与天空各占画面的一半，如图 2-11(c) 所示。

使用水平线构图法则时，通常要配合横画幅拍摄方式。

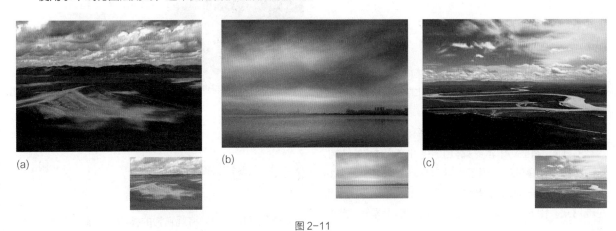

图 2-11

2.4.4 垂直线构图

与水平线构图类似，垂直线构图能使画面在上下方向产生视觉延伸，可以加强画面中垂直线条的力度和形式感，给人以高大、威严的视觉感受。摄影师在构图时可以通过单纯截取被摄对象的局部，来获得简练的由垂直线构成的画面效果，使画面呈现出较强的形式美感。

为了获得和谐的画面效果，不得不考虑线条的分布与组成。在安排垂直线时，不要让线条将画面割裂，这种构图形式常用来表现树林和高楼林立的画面，如图 2-12 所示。

图 2-12

2.4.5 斜线构图

斜线构图能使画面产生动感，并沿着斜线的两端方向产生视觉延伸，增强画面的延伸感，如图 2-13 所示，利用玻璃反射在画面中形成多条斜线，从而增强了画面的动感。另外，斜线构图打破了与画面边框相平行的均衡形式，与其产生势差，从而突出和强调斜线部分。

图 2-13

使用手机拍摄时握持姿势比较灵活，因此为了使画面中出现斜线，也可以斜着拿手机进行拍摄，使原本水平或者垂直的线条在手机屏幕的取景画面中变成一条斜线。

2.4.6　对称构图

对称构图是指画面中的两部分景物以某一根线为轴，轴的两侧在大小、形状、距离和排列等方面相互平衡、对等的一种构图形式。

通常采用这种构图形式来表现拍摄对象上下（左右）对称的画面，有些对象本身就有上下（左右）对称的结构，我国许多古代建筑均采用了严格的对称结构，如图2-14所示。此外，一些现代建筑如国家大剧院等也采用了自对称形式。因此，摄影中的对称构图实际上是对生活中对称美的再现。

还有一种对称式构图是由主体与反光物体中的虚像形成的对称，这种画面给人一种协调、平静和秩序感。

图 2-14

2.4.7　框式构图

框式构图是借助于被摄物自身或者被摄物周围的环境，在画面中制造出框形的构图样式，从而将观赏者的视点"框"在主体上，使其得到观赏者的特别关注。如图2-15所示，摄影师巧妙地利用滑梯通道形成框式构图，使观众的目光聚集在小女孩身上。

"框"的选择主要取决于其是否能将观赏者的视点

"框取"在主体物之上，而并不一定非得是封闭的框状，除了使用门、窗等框形结构外，树枝、阴影等开放的、不规则的"框"也常常被应用到框式构图中。

图 2-15

2.4.8　透视牵引构图

透视牵引构图能将观赏者的视线及注意力有效牵引，聚集在画面中的某个点或线上，形成一个视觉中心。其不仅对视线具有引导作用，还可大大加强画面的视觉延伸性，增强画面的空间感。

画面中相交的透视线条所构成的角度越大，画面的视觉空间效果越显著，因此，拍摄时的镜头视角、拍摄角度等都会对画面透视效果产生相应的影响。例如，镜头视角越广，越可以将前景更多地纳入画面中，从而加大画面最近处与最远处的差异对比，获得更大的画面空间深度，如图2-16所示。

图 2-16

2.4.9 曲线构图

    S 形曲线构图是指通过调整拍摄的角度，使所拍摄的景物在画面中呈现 S 形曲线的构图手法。由于画面中存在 S 形曲线，因此，其弯曲所形成的线条变化能够使观众感到趣味无穷，这也正是 S 形构图照片的美感所在，如图 2-17 和图 2-18 所示。

图 2-17　　　　　　　　　　　　　　　　图 2-18

    如果拍摄的题材是女性人像，可以利用合适的摆姿使画面呈现漂亮的 S 形曲线。

    在拍摄河流、道路时，也常用 S 形曲线构图手法来表现河流与道路蜿蜒向前的感觉。

2.5 依据不同光线的方向特点进行拍摄

2.5.1 善于表现色彩的顺光

    当光线照射方向与手机或相机拍摄方向一致时，这时的光即为顺光。

    在顺光照射下，景物的色彩饱和度很高，拍出来的画面通透、颜色亮丽，如图 2-19 所示。

    对于多数视频创建新手来说，建议先从顺光开始练习拍摄，因为，使用顺光能够减少出错的概率。

    顺光除了可以拍出颜色亮丽的画面外，因其没有明显的阴影或投影，所以很适合拍摄女孩子，可以使其脸上没有阴影，如图 2-20 所示。尤其是用手机自拍时，这种光线比较好掌握。

    但顺光也有不足之处，即顺光照射下的景物受光均匀，没有明显的阴影或者投影，不利于表现景物的立体感与空间感，画面比较呆板乏味。

    为了弥补顺光的缺点，需要让画面层次更加丰富。例如，使用较小的景深突出主体；或是在画面中纳入前景来增加画面层次感；或利用明暗对比的方式，也就是以深暗的主体景物搭配明亮的背景或前景，或以明亮的主体景物搭配深暗的背景。

图 2-19　　　　　　　　　　　图 2-20

图 2-21

图 2-22

2.5.2　善于表现立体感的侧光

当光线照射方向与手机拍摄方向成 90°角时，这种光线即为侧光。

侧光是风光摄影中运用较多的一种光线，这种光线非常适合表现物体的层次感和立体感，原因是侧光照射下，景物的受光面在画面中构成明亮部分，而背光面形成阴影部分，明暗对比明显，如图 2-21 所示。

景物处在这种照射条件下，轮廓比较鲜明，纹理也很清晰，立体感强。因此，用这个方向的光线进行拍摄最容易出效果，所以，很多摄影爱好者都用侧光来表现建筑物、大山的立体感。

2.5.3　逆光环境的拍摄技巧

逆光是指从被摄景物背面照射过来的光，被摄主体的正面处于阴影部分，而背面处于受光面。

在逆光下拍摄的景物，如果让主体曝光正常，较亮的背景则会过曝；如果让背景曝光正常，那么主体往往很暗，缺少细节，形成剪影。所以，逆光下拍摄剪影是最常见的拍摄方法。

考虑到拍摄视频的目的是"叙事"，因此，拍摄没有细节的剪影并不太适合。

所以，在拍摄时无论是使用手机还是使用相机，要确保被拍摄主体曝光基本正常，此时，即使背景有过曝的情况，也是可以接受的，如图 2-22 所示。

如果需要拍摄剪影素材，测光位置应选择在背景相对明亮的位置上，点击手机屏幕中的天空部分即可。使用相机拍摄时，要对准天空较亮处测光，再按下曝光锁定按钮后开始拍摄。

若想使剪影效果更明显，可以在手机上或相机上减少曝光补偿。

手机与相机录制
视频的操作方法

3.1 视频录制的基础设置

3.1.1 安卓手机视频录制参数设置方法

安卓手机和苹果手机均可对视频的分辨率和帧数进行设置，安卓手机还可以对视频的画面比例进行调整。安卓手机视频录制参数如表 3-1 所示，设置方法如图 3-1 所示。

表 3.1

分辨率	4K	1080P		720P	
比例	16：9	21：9	16：9	21：9	16：9
帧数（帧）	30	30	60	30	60

❶ 点击界面左上角的 ▧ 图标进入设置界面

❷ 选择"分辨率"选项，设置视频比例和清晰度

❸ 根据拍摄需求，选择视频的比例、清晰度及帧率

图 3-1

当前主流短视频平台的视频比例，横屏通常要求为 16：9，竖屏要求为 9：16，但这并不说明类似于 1：1、21：9 的画面比例就完全没有意义。

例如，拍摄的是横屏视频，但此时画面在屏幕中所占比例较小。在这种情况下，不妨将视频中的画面直接拍摄或通过后期剪裁成为 1：1 的比例，这时画面在竖屏观看时就显得大一些，如图 3-2 所示。

⊼ 在竖画幅 App 中，横画幅的视频显示面积较小

⊼ 在竖画幅 App 中，将横画幅的视频裁剪为 1：1 的比例

图 3-2

3.1.2 分辨率与帧率的含义

在设置各项参数时，涉及两个新的概念，即"视频分辨率"与"帧频"，这两个概念对于视频效果有非常大的影响，下面分别解释其含义。

1. 视频分辨率

视频分辨率是指每一个画面中所能显示的像素数量，通常以水平像素数量与垂直像素数量的乘积或垂直像素数量表示。

以 1080P HD 为例，1080 是视频画面垂直方向上像素的数量，P 代表逐行扫描各像素，HD 则代表"高分辨率"。

4K 分辨率是指视频画面在水平方向每行像素值达到或者接近 4096 个，例如 4096×3112、3656×2664 以及 UHDTV 标准的 3840×2160，都属于 4K 分辨率的范畴。虽然有些手机宣称其屏幕分辨率达到了 4K，但短视频平台考虑到流量与存储的经济性，即便创作者上传的是 4K 分辨率的视频，也会被压缩成为 1280×720 的分辨率，因此如果没有特别的用途，不建议用 4K 分辨率录制短视频。

720P 是一种在逐行扫描下达到 1280×720 的分辨率的显示格式，也是主流短视频平台提供的视频播放标准分辨率。

2. 帧频

帧频的英文缩写是 fps，是指一个视频里每秒展示出来的画面数。例如，一般电影是以每秒 24 张画面的速度播放，也就是一秒钟内在屏幕上连续显示出 24 张静止画面，由于视觉暂留效应，使观众看上去电影中的人像是动态的。

通常，每秒显示的画面数越多，视觉动态效果越流畅；反之，如果画面数少，观看时就会有卡顿的感觉。如果需要在视频中呈现慢动作效果，帧频要高一些，否则使用 30fps 即可。

3.1.3　苹果手机分辨率与帧数设置方法

在苹果手机中也可以对视频的分辨率、帧数进行设置，设置方法如图 3-3 所示。在录制运动类视频时，建议选择较高的帧率，可以让运动物体在画面中的动作更流畅。而在录制访谈类等相对静止的画面时，选择 30 帧即可，既省电又省空间。

❶ 进入"设置"界面，选择"相机"选项

❷ 选择"录制视频"选项，进入分辨率和帧数设置界面

❸ 选择分辨率和帧数

图 3-3

3.1.4　苹果手机视频格式设置注意事项

有些用户使用苹果手机拍摄的照片和视频，复制到 Windows 系统的计算机中后，无法正常打开，出现这种情况的原因是因为在"格式"设置中选择了"高效"选项。

在"高效"模式下，拍摄的照片和视频分别为 HEIF 和 HEVC，而如果想在 Windows 系统环境中打开这两种格式的文件，则需要使用专门的软件。

因此，如果拍摄的照片和视频需要在 Windows 系统的计算机中打开，并且不需要文件格式为 HEIF 和 HEVC（录制 4K 60fps 和 240fps 视频需要设置为 HEVC 格式），那么建议将"格式"设置为"兼容性最佳"，设置方法如图 3-4 所示，这样更方便播放或分享文件。

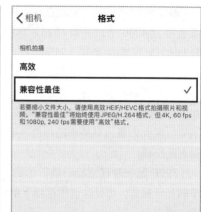

❶ 进入"设置"界面，选择"相机"选项　❷ 选择"格式"选项

❸ 如果拍摄的照片或视频需要在 Windows 系统中打开，则建议选择"兼容性最佳"选项

图 3-4

3.2　用手机录制视频的基本操作方法

3.2.1　苹果手机录制常规视频的操作方法

打开苹果手机的照相功能，然后滑动下方选项条，选择"录像"模式，点击下方圆形按钮即可开始录制，再次点击该按钮即可停止录制，如图 3-5 所示。

苹果手机还有一个比较人性化的功能，即在录制过程中点击右下角的快门按钮可随时拍摄静态照片，从而留住每一个精彩瞬间。

另外，还可以在拍摄照片时按住快门按钮不放，从而快速切换为视频录制模式。如需长时间录制，在按住快门按钮状态下向右拖动即可，操作方法如图 3-6 所示。

❹ 拍摄照片时，可以通过长按快门按钮的方式进行视频录制；松开快门按钮即结束录制

❶ 在视频录制模式下，点击界面右侧快门按钮即可开始录制

❷ 录制过程中点击右下角快门按钮可在视频录制过程中拍摄静态照片；点击右侧中间圆形按钮可结束视频录制

图 3-5　　　　　　　　　　图 3-6

此外，录制时要注意长按画面，以锁定对焦与曝光，使画面的虚化与明暗不再变化，如图 3-7 所示。

3.2.2 安卓手机录制常规视频的操作方法

安卓手机与苹果手机的视频录制方法基本相同，均需要打开照相软件，然后滑动下方选项条，选择"录像"模式，点击下方圆形按钮即可开始录制，再次点击该按钮即可停止录制，如图 3-8 所示。

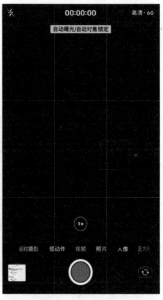

❶ 录制视频时要长按画面中的主体对象，使其四周出现黄色的方框，以锁定自动曝光与对焦

图 3-7

❶ 在视频录制模式下，点击界面右侧快门按钮即可开始录制

❷ 录制过程中点击右下角快门按钮，可在视频录制过程中拍摄静态照片；点击右侧中间圆形按钮可结束视频录制

图 3-8

3.3 根据平台选择视频画幅的方向

不同的短视频平台，其视频展示方式是有区别的。例如优酷、头条和 B 站等平台是通过横画幅来展示视频的，因此竖幅拍摄的视频在这些平台上展示时，两侧就会出现大面积的黑边。

而抖音、火山和快手这些短视频平台，是以竖画幅的方式展示视频的，此时以竖画幅录制的视频就可以充满整个屏幕，观看效果会更好，如图 3-9 所示。

另外，要参加火山及抖音中的中视频伙伴计划，需要将视频拍摄成为横屏画面。

所以在录制视频前，要先确定将要发布的平台，再确定是竖幅录制还是横幅录制。

❶ 竖录视频更适合发布在抖音、快手等手机短视频平台上

图 3-9

3.4 使用有专业控制参数的 App 录制视频

对于多数普通的视频拍摄任务来说，虽然使用手机内置的视频录制功能简单、

方便，但是可以控制的参数比较少。所以，许多专业视频创作者会购买可以调整更多参数的专业视频录制 App。

可供推荐的 App 有 Pro Movie、Filmic Pro 、Quik、4K 超清摄影机 (图 3-10)、Protake(图 3-11)、MAVIS 等。

▶ 4K 超清摄影机录制视频的界面

图 3-10

▶ Protake 录制视频的界面，其中的示波器、对焦峰值等功能，甚至可媲美专业相机

图 3-11

图 3-12 所示为 Filmic Pro 录制视频的界面，此 App 具有非常丰富的视频录制功能，如对焦峰值显示、斑马纹、

白平衡调整、Gamma 曲线、对焦和曝光的双弧滑块控件等，也正因如此，此 App 收费较高，且没有免费版本。

▶ Filmic Pro 录制视频的界面

图 3-12

3.5 使用手机录制视频进阶配件及技巧

由于视频呈现的是连续的动态影像，因此与拍摄静态图片不同，需要在整个录制过程中持续保证稳定的画面和正常的亮度，并且还要考虑声音的问题。所以，要想用手机拍摄出优质的短视频，需要更多的配件和技巧才能实现。

3.5.1 保持画面稳定的配件及技巧

1. 三脚架

进行固定机位的短视频录制时，通过三脚架固定手机即可确保画面的稳定性。

由于手机重量较轻，所以市面上有一种"八爪鱼"手机三角架（图 3-13），可以在更多的环境下进行固定，非常适合户外固定机位录制视频时使用。

◎ 八爪鱼手机三脚架

图 3-13

而常规的手机三脚架（图 3-14）则适合在室内录制视频，其机位一旦选定后，即可确保在重复录制时，其取景不会发生变化。

◎ 常规手机三脚架

图 3-14

2. 稳定器

在移动机位进行视频录制时，手机的抖动会严重影响视频质量。利用稳定器（图 3-15）则可以大幅减弱这种抖动，让视频画面始终保持稳定。

◎ 稳定器

图 3-15

根据所要拍摄的效果不同，可以设定不同的稳定模式。例如想跟随某人进行拍摄，就可以使用"跟随"模式，使画面可以稳定、匀速地跟随人物进行拍摄。想要拍摄"环视一周"的效果，也可使用该模式。

另外，个别稳定器还配有手动调焦等功能，可以轻松用手机实现"希区柯克式变焦"效果。

3. 移动身体而不是移动手机

在手持手机录制视频时，如果需要移动手机进行录制，那么画面很容易出现抖动。建议拍摄者将手肘放在身体两侧夹住，然后移动整个身体来使手机跟随景物移动，这样拍摄出来的画面会比较稳定。

4. 替代滑轨的水平移动手机技巧

如果希望绝对平稳地水平移动手机进行视频录制，最佳方案是使用滑轨。然而滑轨是非常专业的视频拍摄配件，使用起来也比较麻烦，所以大多数短视频爱好者都不会购买。

但可以通过先将手机固定在三脚架上，然后在三脚架下垫一块布（垫张纸也可以，但纸与桌面的摩擦会出现噪音），接下来缓慢、匀速地拖动这块布就可以实现类似滑轨的移镜效果，如图 3-16 所示。

◎ 缓慢拖动三脚架下面的布，以便较稳定地移动手机

图 3-16

3.5.2 移动时保持稳定的技巧

1. 始终维持稳定的拍摄姿势

为保持稳定，在移动拍摄时需要保持正确的拍摄姿势。双手要拿稳手机（或拿稳稳定器），从而形成三角形支撑，增强稳定性。

2. 憋住一口气

此方法适合在短时间内移动机位录制时使用，因为普通人在移动状态下憋一口气也就维持十几秒的时间。如果在这段时间内可以完成一个镜头的拍摄，那么此法可行；如果时间不够，切记不要采用此种方法，因为在长时间憋气后，势必会急喘几下，这几下急喘往往会让画面出现明显的抖动。

3. 保持呼吸均匀

如果憋一口气的时间无法完成拍摄，那么就需要在移动录制过程中保持呼吸均匀。

4. 屈膝移动减少反作用力

在移动过程中之所以很容易造成画面抖动，其中一个很重要的原因就在于迈步时地面给的反作用力会让身体震动一下。但屈膝移动时，弯曲的膝盖会形成一个缓冲，就好像自行车的减震一样，从而避免产生明显的抖动。

5. 提前确定地面情况

在移动录制时，创作者眼睛一直盯着手机屏幕，无暇顾及地面情况。为了确保拍摄过程中的安全性和稳定性（被绊倒就绝对会拍废一个镜头），一定要事先观察好路面情况。

3.5.3 保持画面亮度正常的配件及技巧

1. 利用简单的人工光源进行补光

在室内进行视频录制时，即便肉眼观察到的环境亮度已经足够明亮，但手机的宽容度要比人眼差很多，所以往往通过曝光补偿调节至正常亮度后，画面会出现很多噪点。

如果想获得更好的画质，最好购买补光灯对人物或者其他主体进行补光。

比较经济的补光方案是使用 LED 常亮灯，再加上柔光罩就可以发出均匀的光线。其中，环形 LED 补光灯（图 3-17）就非常适合自拍视频使用。

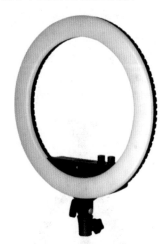

⌃ 环形 LED 补光灯

图 3-17

如果想要获得较好的补光效果，最好使用 200W 左右的柔光球式灯具（图 3-18）。

⌃ 柔光球灯

图 3-18

2. 通过反光板进行补光

反光板（图 3-19）是一种比较常见的低成本补光方法，而且由于是反射光，所以光质更加柔和，不会产生明显的阴影。但为了能获得较好的效果，因此需要布置在与主体较近的位置。这就对视频拍摄时的取景有了较高的要求，通常用于固定机位的拍摄（如果是移动机位拍摄，则很容易将附近的反光板也录制进画面）。

⚠ 反光板

图 3-19

⚠ 手机用无线麦克风

图 3-20

3.5.4 使用外接麦克风提高音质

在室外录制视频时，如果环境比较嘈杂或者是在刮风的天气下录制，视频中会出现大量噪音。为了避免这种情况，建议使用可连接手机的麦克风进行录制，如图 3-20 所示，视频中的杂音将会明显减少。

另外，安卓手机大多采用 Type-C 接口，苹果手机则为 Lightning 接口，而可以连接手机的麦克风大多仅匹配 3.5mm 耳机接口，所以还需准备一个转换接头方可使用。

此外，也可以使用时下流行的无线领夹麦，以获得更自由的拍摄收音方式。

3.6 使用相机录制视频的 4 大优势

3.6.1 更好的画质

所有摄影与摄像类器材的成像影响元素之一就是感光元件，感光元件越大，理论上画面质量会更高，这也是为什么在摄影行业流传着"底大一级压死人"的说法。

图 3-21 所示为不同画幅比例的相机与手机感光元件的尺寸对比，最小的红色方块是手机的感光元件面积，最大的灰色方块是全画幅相机的感光元件面积。

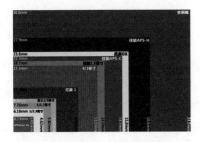

⚠ 相机与手机感光元件的尺寸对比

图 3-21

可以看出来手机与全画幅相机的区别相当大，这也是为什么即便当前最高档的手机成像也无法与普通相机匹敌的原因。

3.6.2 更强的光线适应性

无论是单反还是微单感光的动态范围都比手机更广，动态范围简单理解就是感光元件能够记录的最大亮部信息和暗部信息，更广的动态范围能够记录下更多的画面细节，在对视频做后期时调色处理效果也更好。

尤其是索尼与佳能等相机提供的 Log 模式，即便在逆光情况下拍摄也能够获得非常好的明暗细节，而大部分手机在逆光拍摄时，天空处将明显过曝光，如图 3-22 所示，因此，这是目前手机无法超越的性能。

⚠ 天空处明显过曝

图 3-22

机可以比拟的，如图 3-23 所示。也是许多追求画面质感的口播型、剧情型抖音账号使用相机拍摄视频的主要原因。

3.6.3　更丰富的景别

虽然，目前大部分手机有从超广角到超长焦的拍摄功能，但在不同焦距的镜头间切换时，大部分手机仍然存在颜色变化、画质明显下降的问题。

但单反和微单相机则可以利用高质量镜头，拍摄出不同画面景别、景深及透视关系的高质量视频画面。

⚠ 更漂亮的背景虚化效果

3.6.4　更漂亮的背景虚化效果

不同的镜头光圈会给画面带来不同的景深效果，也就是背景虚化效果，拍摄时使用的光圈越大、镜头焦距越长，背景虚化效果越强，这种背景虚化效果远不是手

图 3-23

除上述优势外，更好的防抖效果、更专业的收音性能也是众多短视频大号不再使用手机，而使用专业相机的原因之一。

3.7　设置相机录制视频时的拍摄模式

与拍摄照片一样，拍摄视频时也可以采用多种不同的曝光模式，如自动曝光模式、光圈优先曝光模式、快门优先曝光模式、全手动曝光模式等。

如果对于曝光要素不太理解，可以直接设置为自动曝光或程序自动曝光模式。

如果希望精确控制画面的亮度，可以将拍摄模式设

置为全手动曝光模式。但在这种拍摄模式下，需要摄影师手动控制光圈、快门和感光度三个要素，下面分别讲解这三个要素的设置思路。

光圈：如果希望拍摄的视频场景具有电影效果，可以将光圈设置得稍微大一点，如 F2.8、F2 等，从而虚化背景获得浅景深效果。反之，如果希望拍摄出来的视

频画面远近都比较清晰，就需要将光圈设置得稍微小一点，如 F12、F16 等。

感光度：在设置感光度时，主要考虑的是整个场景的光照条件，如果光照不是很充分，可以将感光度设置得稍微大一点，但此时画面噪点会增加，反之则可以降低感光度，以获得较为优质的画面。

快门速度对于视频的影响比较大，下面做详细讲解。

3.8　理解相机快门速度与视频录制的关系

在曝光三要素中，光圈、感光度无论在拍摄照片还是拍摄视频时，其作用都是一样的，唯独快门速度对于视频录制有着特殊的意义，因此值得详细讲解。

3.8.1　根据帧频确定快门速度

从视频效果来看，大量摄影师总结出来的经验是，应该将快门速度设置为帧频 2 倍的倒数。此时录制出来的视频中运动物体的表现是最符合肉眼观察效果的。

例如视频的帧频为 25Pfps，那么快门速度应设置为 1/50 秒（25 乘以 2 等于 50，再取倒数，为 1/50）。同理，如果帧频为 50fps，则快门速度应设置为 1/100 秒。

但这并不说明，在录制视频时，快门速度只能锁定不变。在一些特殊情况下，需要利用快门速度调节画面亮度时，在一定范围内进行调整是没有问题的。

3.8.2　快门速度对视频效果的影响

1.降低快门速度以提升画面亮度

在昏暗的环境下录制视频时，如图 3-24 所示，可以适当降低快门速度以保证画面亮度。

但需要注意的是，当降低快门速度时，快门速度也不能低于帧频的倒数。有些相机，例如佳能也无法设置比 1/25 秒还低的快门速度，因为佳能相机在录制视频时会自动锁定帧频倒数为最低快门速度。

❯ 昏暗环境下录制视频

图 3-24

2.提高快门速度以改善画面流畅度

提高快门速度时，可以使画面更流畅，但需要指出的是，当快门速度过高时，由于每一个动作都会被清晰定格，从而导致画面看起来很不自然，甚至会出现失真的情况。

造成此点的原因是因为人的眼睛有视觉时滞，也就是看到高速运动的景物时，会出现动态模糊的效果，如图 3-25 所示。而使用过高的快门速度录制视频时，运动模糊消失了，取而代之的是清晰的影像。例如在录制一些高速奔跑的景象时，由于双腿每次摆动的画面都是清晰的，就会看到很多只腿的画面，也就导致了画面失真、不正常的情况。

因此，建议在录制视频时，快门速度最好不要高于最佳快门速度的 2 倍。

另外，当快门速度提高时，也需要更大功率的照明灯具，以避免视频画面变暗。

电影画面中的人物进行速度较快的移动时，画面中出现动态模糊效果是正常的

图 3-25

3.8.3　拍摄帧频视频时推荐的快门速度

前面两小节对于快门速度对视频的影响进行了理论性讲解，这些理论可以总结为一个比较简单的表格，如表 3-2 所示。

表 3-2

帧频	快门速度 /s		
	普通短片拍摄	HDR 短片拍摄	
		P、Av、B、M 模式	Tv 模式
119.9P	1/4000-1/125		
100.0P	1/4000-1/100		
59.94P	1/4000-1/60	-	
50.00P	1/4000-1/50		
29.97P	1/4000-1/30	1/1000-1/60	1/4000-1/60
25.00P		1/1000-1/50	1/4000-1/50
24.00P	1/4000-1/25	-	
23.98P			

3.9 理解用相机拍视频时涉及的重要基础术语含义

3.9.1 理解视频分辨率

使用相机录制视频时涉及的视频分辨率概念，与 3.1 节讲述过的使用手机录制视频时涉及的视频分辨率概念并没有本质不同，不同之处在于，当前录制视频的主流相机视频分辨率都比较高，以佳能 R5 相机为例，其一大亮点就是支持 8K 视频录制。在 8K 视频录制模式下，用户可以最高录制帧频为 30fps、文件无压缩的超高清视频，而且在后期编辑时可以通过裁剪的方法制作跟镜头及局部特写镜头效果，这是手机无法比拟的。

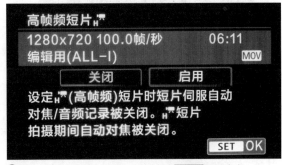

❷ 点击选择"启用"选项，然后点击 SET OK 图标确定

图 3-26

3.9.2 理解帧频

帧频也被称为 fps，是指一个视频里每秒展示出来的画面数。

使用相机录制视频时，可以轻松获得高帧频、高质量视频画面，例如，以佳能 R5 为例，在 4K 分辨率的情况下，依然支持 120fps 视频拍摄，可以通过后期轻松获得慢动作视频效果。

例如，李安导演在拍摄电影《双子杀手》时使用的就是 4K、120fps，超高帧率不仅使电影看上去无限接近真实，中间的卡顿和抖动也近乎消失。

图 3-26 所示为以佳能相机为例，设置高帧频视频的录制操作方法。

短片记录画质

1920x1080 25.00帧/秒	29:59
标准(IPB)	MOV

MOV/MP4	MOV
短片记录尺寸	EFHD 25.00P IPB
24.00p	关闭
高帧频	关闭

MENU ↩

❶ 短片记录画质在菜单中选择"高帧频"选项

3.9.3 理解视频制式

不同国家、地区的电视台所播放视频的帧频是有统一规定的，称为电视制式。全球分为两种电视制式，分别为北美、日本、韩国、墨西哥等国家使用的 NTSC 制式和中国、欧洲各国、俄罗斯、澳大利亚等国家使用的 PAL 制式。

选择不同的视频制式后，可选择的帧频会有所变化。例如在佳能 5D4 中，选择 NTSC 制式后，可选择的帧频为 119.9fps、59.94fps 和 29.97fps；选择 PAL 制式后，可选择的帧频为 100fps、50fps、25fps。视频制式选择方法如图 3-27 所示。

需要注意的是，只有在所拍视频需要在电视台播放时，才会对视频制式有严格要求。如果只是自己拍摄上传视频平台，选择任意视频制式均可正常播放。

📷	AF	▶	♀	📷	★

1 2 **3** 4 5 6   SET UP3

视频制式	用于PAL
触摸控制	标准
提示音	启用
电池信息	
清洁感应器	
HDMI分辨率	自动
HDMI HDR输出	关

❶ 在"设置菜单 3"中选择"视频制式"选项

❷ 点击选择所需的选项

图 3-27

3.9.4 理解码率

码率也被称为比特率，指每秒传送的比特 (bit) 数，单位为 bps(Bit Per Second)。码率越高，每秒传送的数据就越多，画质就越清晰，但相应的，对存储卡的写入速度要求也更高。

有些相机可以在菜单中直接选择不同码率的视频格式，有些则需要通过选择不同的压缩方式实现，如图 3-28 所示。

在短片记录尺寸菜单中可以选择不同的压缩方式，以此控制码率

图 3-28

例如，使用佳能相机时可以选择 MJPG、ALL-I、IPB 和 IPB 🎞️ 等不同的压缩方式。

其中选择 MJPG 压缩模式可以得到最高码率，根据不同的机型，其码率也有差异。例如佳能 EOS R 在选择 MJPG 压缩模式后可以得到码率为 480Mbps 的视频，而 5D4 则为 500Mbps。

值得一提的是，如果要录制码率超过 400Mbps 的视频，需要使用 UHS-II 存储卡，也就是写入速度最少应该达到 100MB/s，否则无法正常拍摄。而且由于码率过高，视频尺寸也会变大。以 EOS R 为例，录制一段码率为 480Mbps、时长为 8 分钟的视频需要占用 32GB 存储空间。

不同码率拍摄出来的视频对比效果如图 3-29 和图 3-30 所示。

低码率的视频显得模糊粗糙

图 3-29

高码率的视频更清晰

图 3-30

3.10　用佳能相机录制视频的简易流程

下面以 5D Mark IV 相机为例，讲解拍摄视频短片的简单流程，如图 3-31 ～ 图 3-34 所示。

（1）设置视频短片格式菜单选项，并进入实时显示模式。

（2）切换相机的曝光模式为 TV 或 M 挡或其他模式，开启"短片伺服自动对焦"功能。

（3）将"实时显示拍摄 / 短片拍摄"开关转至短片拍摄位置。

（4）通过自动或手动的方式先对主体进行对焦。

（5）按下 START/STOP 按钮，即可开始录制短片。录制完成后，再次按下 START/STOP 按钮即可。

选择合适的曝光模式

图 3-31

切换至短片拍摄模式

图 3-32

在拍摄前，可以先进行对焦

图 3-33

录制短片时，会在右上角显示一个红色的圆

图 3-34

虽然拍摄流程看上去很简单，但实际在这个过程中，涉及若干知识点，如设置视频短片参数、设置视频拍摄模式、开启并正确设置实时显示模式、开启视频拍摄自动对焦模式、设置视频对焦模式、设置视频自动对焦灵敏感度、设置录音参数、设置时间码参数等，只有理解并正确设置这些参数，才能够录制出一个合格的视频。

如果希望深入研究，建议选择更专业的图书进行学习。

3.11 用佳能相机录制视频时的视频格式、画质设置方法

与设置照片的尺寸、画质一样，录制视频时也需要关注视频文件的相关参数。如果录制的视频只是家用的普通记录短片，可能全高清分辨率就可以，但是如果作为商业短片，可能需要录制高帧频的 4K 视频，所以在录制视频之前一定要设置好视频的参数。

3.11.1 设置视频格式与画质

在此通常需要设置视频格式、尺寸、帧频等选项，佳能相机常见视频格式、尺寸、帧频参数的含义如表 3-3 所示。

表 3-3

MOV/MP4	MOV 格式的视频文件适用于在计算机上后期编辑；MP4 格式的视频文件经过压缩，变得较小，便于网络传输		
短片记录尺寸	图像大小		
	4K	**FHD**	**HD**
	4K 超高清画质。记录尺寸为 4096×2160，长宽比约为 17：9	全高清画质。记录尺寸为 1920×1080，长宽比为 16：9	高清画质。记录尺寸为 1280×720。长宽比为 16：9
	帧频（帧 / 秒）		
	119.9P **59.94P** **29.97P**	**100.0P** **25.00P** **50.00P**	**23.98P** **24.00P**
	分别以 119.9 帧 / 秒、59.94 帧 / 秒、29.9 帧 / 秒的帧频率记录短片。适用于电视制式为 NTSC 的地区（北美、日本、韩国、墨西哥等）。**119.9P** 在启用"高帧频"功能时有效	分别以 110 帧 / 秒、25 帧 / 秒、50 帧 / 秒的帧频率记录短片。适用于电视制式为 PAL 的地区（欧洲、俄罗斯、中国、澳大利亚等）。**100.0P** 在启用"高帧频"功能时有效	分别以 23.98 帧 / 秒和 24 帧 / 秒的帧频率记录短片，适用于电影。**24.00P** 在启用"24.00P"功能时有效
	压缩方法		
	MJPG	**ALL-I**	**IPB** / **IPB ⬇**
	当选择为"MOV"格式时可选。不使用任何帧间压缩，一次压缩一个帧并进行记录，因此压缩率低。仅适用于 4K 画质的视频	当选择为"MOV"格式时可选。一次压缩一个帧进行记录，便于计算机编辑	一次高效地压缩多个帧进行记录。由于文件尺寸比使用 **ALL-I** 时更小，在同样存储空间的情况下，可以录制更长时间的视频 ／ 当选择为"MP4"格式时可选。由于短片以比使用 **IPB** 时更低的比特率进行记录，因而文件尺寸更小，并且可以与更多回放系统兼容
24.00P	选择"启用"选项，将以 24.00 帧 / 秒的帧频录制 4K 超高清、全高清、高清画质的视频		
高帧频	选择"启用"选项，可以在高清画质下，以 119.9 帧 / 秒或 100.0 帧 / 秒的高帧频录制短片		

下面以 5D Mark IV 相机为例，讲解操作方法，如图 3-35 所示，其他佳能相机的菜单位置及选项如图 3-36 和图 3-37 所示，可能与此略有区别，但操作方法与选项意义相同。

❶ 在"**拍摄菜单 4**"中选择"**短片记录画质**"选项　　❷ 点击选择"**MOV/MP4**"选项

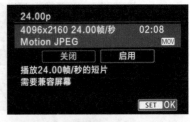

❸ 点击选择录制视频的格式选项

❹ 如果在步骤❷中选择了"**短片记录尺寸**"选项，点击选择所需的短片记录尺寸选项，然后点击 SET OK 图标确定

❺ 如果在步骤❷中选择了"**24.00P**"选项，点击选择"**启用**"或"**关闭**"选项，然后点击 SET OK 图标确定

图 3-35

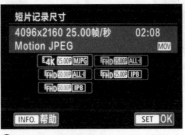

❶ 在"**短片记录画质**"菜单中选择"**短片记录尺寸**"选项

❷ 点击选择带 4K 图标的选项，然后点击 SET OK 图标确定

FHD / FHD 画质视频的取景范围　　4K 画质视频的取景范围

图 3-36　　　　　　　　　　　　　　　　　　图 3-37

3.11.2　设置4K视频录制

在许多手机都可以录制 4K 视频的今天，4K 基本上成为了中高端相机的标配，以 EOS 5D Mark IV 为例，在 4K 视频录制模式下，用户可以录制最高帧频为 30P、无压缩的超高清视频。

不过 EOS 5D Mark IV 的 4K 视频录制模式采集的是图像传感器的中心像素区域，并非全部的像素，所以在录制 4K 视频时，拍摄视角会变得狭窄，约等于 1.74 倍的镜头系数，这就提示用户，在选购以视频功能为主要卖点的相机时，画面是否有裁剪是一个值得比较的参数。例如，EOS R5 相机就可以录制无裁剪的 4K 视频。

3.12 用佳能相机录制视频时的自动对焦模式开启方式

佳能最近这几年发布的相机均具有视频自动对焦模式，即视频中的对象移动时，能够自动对其进行跟焦，以确保被拍摄对象在视频中的影像是清晰的。

但此功能需要通过设置"短片伺服自动对焦"菜单选项来开启，以佳能 5D4 为例，讲解其开启方法，如图 3-38 所示。

❶ 在"**拍摄菜单 4**"中选择"**短片伺服自动对焦**"选项

❷ 点击选择"**启用**"或"**关闭**"选项，然后点击 SET OK 图标确定

图 3-38

提示

该功能在搭配某些镜头使用时，发出的对焦声音可能会被采集到视频中。如果发生这种情况，建议外接指向性麦克风解决该问题。

将"短片伺服自动对焦"菜单设为"启用"选项，即可使相机在视频拍摄期间，即使不半按快门，也能根据被摄对象的移动状态不断调整对焦，以保证始终对被摄对象进行对焦，如图 3-39 所示。

但使用该功能时，相机的自动对焦系统会持续工作，当不需要跟焦被摄体，或者将对焦点锁定在某个位置时，即可通过按下赋予了"暂停短片伺服自动对焦"功能的自定义按键来暂停该功能。

通过图 3-39 可以看出来，用手拿着红色玩具小车做

不规则运动时，相机是能够准确跟焦的。

如果将"短片伺服自动对焦"菜单设为"关闭"选项，那么只有通过半按快门、按下相机背面的 AF-ON 按钮或者在屏幕上单击对象时，才能够进行对焦。

"短片伺服自动对焦"菜单设为"启用"选项，相机在视频拍摄期间能根据被摄对象的状态不断调整对焦，以始终对焦于对被摄对象

图 3-39

如图 3-40 和图 3-41 所示，第 1 次对焦于左上方的安全路障，如果不再次单击其他位置，对焦点会一直锁定在左上方的安全路障，单击右下方的篮球焦点后，焦点会重新对焦在篮球上。

对焦于左上方的安全路障

图 3-40

对焦于右下方的篮球

图 3-41

3.13 用佳能相机录制视频时的对焦模式详解

3.13.1 选择对焦模式

在拍摄视频时，有两种对焦模式可供选择，一种是 ONE SHOT 单次自动对焦，另一种是 SERVO 伺服自动对焦。

ONE SHOT 单次自动对焦模式适合于拍摄静止被摄对象，半按快门按钮时，相机只实现一次对焦，合焦后，自动对焦点将变为绿色。SERVO 伺服自动对焦模式适合于拍摄移动的被摄对象，只要保持半按快门按钮，相机就会对被摄对象持续对焦，合焦后，自动对焦点为蓝色，如图 3-42 所示。

设置自动对焦模式

图 3-42

使用对焦模式时，如果配合使用"☺ + 追踪""自由移动 AF（ ）"对焦方式，只要对焦框能跟踪并覆盖被摄体，相机就能够持续对焦，下面进行详解。

3.13.2 三种自动对焦模式详情

除非以固定机位拍摄风光、建筑等静止对象，否则，拍摄视频时的对焦模式都应该选择伺服自动对焦 SERVO。此时，可以根据要选择对象或对焦需求，选择三种不同的自动对焦方式，如图 3-43 ～ 图 3-45 所示。在实时取景状态下按下 回 按钮，点击选择左上角的自动对焦方式图标，然后在屏幕下方点击选择需要的选项。

速控屏幕中选择 AF ☺ 图标（☺ + 追踪）模式的状态

图 3-43

速控屏幕中选择 AF（ ）图标（自由移动多点）模式的状态

图 3-44

速控屏幕中选择 AF □ 图标（自由移动 1 点）模式的状态

图 3-45

提示

由于 Canon EOS 5D Mark IV 的液晶监视器可以触摸操作，因此在选择对焦区域时，也可以直接点击液晶监视器屏幕选择对焦位置。

也可以按图 3-46 所示的菜单操作方法切换不同的自动对焦模式，下面详解不同模式的含义。

❶ 在**拍摄菜单 5** 中选择**自动对焦方式**选项

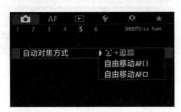

❷ 点击选择一种对焦模式

图 3-46

1. ♔+ 追踪

在"♔ + 追踪"模式下，相机优先对被摄人物的脸部进行对焦，如图 3-47 所示，即使在拍摄过程中被摄人物的面部发生了移动，自动对焦点也会移动以追踪面部。当相机检测到人的面部时，会在要对焦的脸上出现♔自动对焦点。如果检测到多个面部，将显示 ⟨ ⟩，使用多功能控制钮❋将 ⟨ ⟩框移动到目标面部上即可。如果没有检测到面部，相机会切换到自由移动 1 点模式。

♔+ 追踪模式的对焦示意

图 3-47

2. 自由移动AF( )

在"自由移动 AF ( )"模式下，相机可以采用两种

模式对焦（见图 3-48），一种是以最多 63 个自动对焦点对焦，这种对焦模式能够覆盖较大区域；另一种是将液晶监视器分割成为 9 个区域，摄影师可以使用多功能控制钮❋选择某一个区域进行对焦，也可以直接在屏幕上通过单击不同位置来进行对焦。默认情况下，相机自动选择前者。可以按下❋或 SET 按钮，在这两种对焦模式间切换。

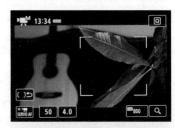

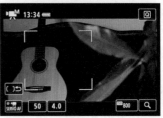

自由移动 AF ( )模式的对焦示意

图 3-48

3. 自由移动AF口

在"自由移动 AF 口"模式下，液晶监视器上只显示 1 个自动对焦点，如图 3-49 所示，使用多功能控制钮❋使该自动对焦点移至要对焦的位置，当自动对焦点对准被摄体时半按快门即可。也可以直接在屏幕上通过单击不同位置来进行对焦。如果自动对焦点变为绿色并发出提示音，表明合焦正确；如果没有合焦，对焦点以橙色显示。

自由移动 AF 口模式的对焦示意

图 3-49

3.14 用佳能相机录制视频时录音参数及监听方式

使用相机内置的麦克风可录制单声道声音，通过将带有立体声微型插头（直径为 3.5mm）的外接麦克风连接至相机，则可以录制立体声，然后配合"录音"菜单中的参数设置，可以实现多样化的录音控制，如图 3-50 所示。

❶ 在"**拍摄菜单 4**"中选择"**录音**"选项

❷ 点击可选择不同的选项，即可进入修改参数界面

图 3-50

3.14.1 录音/录音电平

选择"自动"选项，录音音量将会自动调节；选择"手动"选项，则可以在"录音电平"界面将录音音量的电平调节为 64 个等级之一，适用于高级用户；选择"关闭"选项，将不会记录声音。

3.14.2 风声抑制/衰减器

将"风声抑制"设置为"启用"选项，则可以降低户外录音时的风声噪音，包括某些低音调噪音（此功能只对内置麦克风有效）；在无风的场所录制时，建议选择"关闭"选项，以便能录制到更加自然的声音。

在拍摄前即使将"录音"设定为"自动"或"手动"，如果有非常大的声音，仍然可能会导致声音失真。在这种情况下，建议将"衰减器"设为"启用"选项。

3.14.3 监听视频声音

在录制现场声音的视频时，监听视频声音非常重要。而且，这种监听需要持续整个录制过程。

因为在使用收音设备时，有可能因为没有更换电池，或其他未知因素，导致现场声音没有被录制进视频。

有时，现场可能有很低的噪音，这种声音是否会被录入视频，一个确认方法就是在录制时监听，另外也可以通过回放来核实。

通过将配备有 3.5mm 直径微型插头的耳机，连接到相机的耳机端子（图 3-51）上，即可在短片拍摄期间听到声音。

耳机端子

图 3-51

如果使用的是外接立体声麦克风，可以听到立体声声音。要调整耳机的音量，按 Q 按钮并选择 ∩，然后转动 ○ 调节音量。

注意：如果视频将进行专业后期处理，那么，现场即使有均衡的低噪音也不必过于担心，因为后期软件可以将这样的噪音轻松去除。

3.15 用索尼相机录制视频时的简易流程

下面以 SONY αRIV 相机为例,讲解拍摄视频短片的简单流程,如图 3-52 所示。

(1)设置视频文件格式及记录设置菜单选项。

(2)切换相机的照相模式为 S 或 M 挡或其他模式。

(3)通过自动或手动的方式先对主体进行对焦。

(4)按下红色 MOVIE 按钮开始录制短片,录制完成后,再次按下红色的 MOVIE 按钮。

在视频拍摄模式下,屏幕会显示若干参数,了解这些参数的含义,有助于摄影师快速调整相关参数,以提高录制视频的效率、成功率及品质,屏幕参数如图 3-53 所示。

虽然拍摄视频短片的流程看上去很简单,但实际上在这个过程中涉及若干知识点,如果希望深入研究,建议读者选择更专业的摄影摄像类图书进行学习。

❶ 选择合适的曝光模式

❷ 按下红色的 MOVIE 按钮即可开始录制

❸ 在拍摄前,可以先进行对焦

图 3-52

❶ 照相模式　　　　❽ 测光模式　　　　⓯ 曝光补偿
❷ 动态影像的可拍摄时间　❾ 白平衡模式　　　⓰ 光圈值
❸ SteadyShot 关 / 开　❿ 动态范围优化　　⓱ 快门速度
❹ 动态影像的文件格式　⓫ 创意风格　　　　⓲ 图片配置文件
❺ 动态影像的帧速率　⓬ 照片效果　　　　⓳ AF 时人脸 / 眼睛优先
❻ 动态影像的记录设置　⓭ ISO 感光度　　　⓴ 对焦区域模式
❼ 剩余电池电量　　　⓮ 对焦框　　　　　㉑ 对焦模式

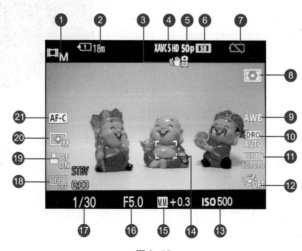

图 3-53

3.16 用索尼相机录制视频时的视频格式、画质设置方法

3.16.1 设置文件格式（视频）

在"文件格式"菜单中可以选择以下 3 个
选项，设置方式如图 3-54 所示。

（1）XAVC S 4K：以 4K 分 辨 率 记 录
XAVC S 标准的 25P 视频。

（2）XAVC S HD：记录 XAVC S 标 准
视频。

（3）AVCHD：以 AVCHD 格式录制 50i
视频。

❶ 在"**拍摄设置 2 菜单**"的第 1 页
中选择"**文件格式**"选项

❷ 按▼或▲方向键选择所需文件格
式选项

图 3-54

3.16.2 设置"记录设置"

在"记录设置"菜单中可以选择录制视
频的帧率和影像质量，如图 3-35 所示，以
SONY αRIV 微单相机为例，视频记录尺寸如
表 3-4 所示。

❶ 在"**拍摄设置 2 菜单**"的第 1 页
中选择"**记录设置**"选项

❷ 按▼或▲方向键选择所需选项

图 3-55

表 3-4

文件格式：XAVC S 4K	平均比特率	记录
25P 100M	100Mbps	录制 3840×2160（25P）尺寸的最高画质视频
25P 60M	60Mbps	录制 3840×2160（25P）尺寸的高画质视频
文件格式：XAVC S HD	平均比特率	记录
50P 50M	50Mbps	录制 1920×1080（50P）尺寸的高画质视频
50P 25M	25Mbps	录制 1920×1080（50P）尺寸的高画质视频
25P 50M	50Mbps	录制 1920×1080（25P）尺寸的高画质视频
25P 16M	16Mbps	录制 1920×1080（25P）尺寸的高画质视频
100P 100M	100Mbps	录制 1920×1080（100P）尺寸的视频，使用兼容的编辑设备，可以制作更加流畅的慢动作视频
100P 60M	60Mbps	录制 1920×1080（100P）尺寸的视频，使用兼容的编辑设备，可以制作更加流畅的慢动作视频
文件格式：AVCHD	平均比特率	记录
50i 24M（FX）	24 Mbps	录制 1920×1080（50i）尺寸的高画质视频
50i 17M（FH）	17 Mbps	录制 1920×1080（50i）尺寸的标准画质视频

3.17 用索尼相机录制视频时设置视频对焦模式方式

在拍摄视频时，有两种对焦模式可供选择，一种是连续自动对焦，另一种是手动对焦，如图 3-56 所示。

❶ 在拍摄待机屏幕显示下，按 Fn 按钮，然后按▲▼◀▶方向键选择对焦模式选项，转动前 / 后转盘选择所需对焦模式

❷ 在拍摄待机屏幕显示下，按 Fn 按钮，然后按▲▼◀▶方向键选择对焦区域选项，按控制拨轮中央按钮进入详细设置界面，然后按▲或▼方向键选择对焦区域选项。当选择了自由点选项时，按◀或▶方向键选择所需选项

图 3-56

在连续自动对焦模式下，只要保持半按快门按钮，相机就会对被摄对象持续对焦，合焦后，屏幕将点亮◉图标。

当用自动对焦无法对想要的被摄体合焦时，建议改用手动对焦进行操作。

在拍摄视频时，可以根据要选择对象或对焦需求，选择不同的自动对焦区域模式。索尼相机在视频模式下可以选择 5 种自动对焦区域模式。

（1）广域自动对焦区域 ▭：选择此对焦区域模式后，在执行对焦操作时，相机将利用自己的智能判断系统，决定当前拍摄的场景中哪个区域应该最清晰，从而利用相机可用的对焦点针对这一区域进行对焦。

（2）区自动对焦区域 ▭：使用此对焦区域模式时，先在液晶显示屏上选择想要对焦的区域位置，对焦区域内包含数个对焦点，在拍摄时，相机自动在所选对焦区范围内选择合焦的对焦框。此模式适合拍摄动作幅度不大的题材。

（3）中间自动对焦区域 ▭：使用此对焦区域模式时，相机始终使用位于屏幕中央区域的自动对焦点进行对焦。此模式适合拍摄主体位于画面中央的题材。

（4）自由点自动对焦区域 ▦：选择此对焦区域模式时，相机只使用一个对焦点进行对焦操作，而且摄影师可以自由确定此对焦点所处的位置。拍摄时使用多功能选择器的上、下、左、右键，可以将对焦框移动至被摄主体需要对焦的区域。此对焦区域模式适合拍摄需要精确对焦，或对焦主体不在画面中央位置的题材。

（5）扩展自由点自动对焦区域 ▦：选择此对焦区域模式时，摄影师可以使用多功能选择器的上、下、左、右键选择一个对焦点，与自由点模式不同的是，摄影师所选的对焦点周围还分布一圈辅助对焦点，若拍摄对象暂时偏离所选对焦点，则相机会自动使用周围的对焦点进行对焦。此对焦区域模式适合拍摄可预测运动趋势的对象。

3.18 用索尼相机录制视频时设置视频自动对焦灵敏感度

3.18.1 AF跟踪灵敏度

当录制视频时，可通过"AF 跟踪灵敏度"菜单设置对焦的灵敏度。

如果选择"标准"选项，在有障碍物出现或有人横穿从而遮挡被拍摄对象时，相机将忽略障碍对象，继续跟踪对焦被摄对象；如果选择"响应"选项，则相机会忽视原被拍摄对象，转而对焦于障碍对象，如图 3-57 所示。

图 3-59

会落在其他的摄影师上，而无法跟随摩托车手，因此这个参数一定要根据当时拍摄的情况来灵活设置。

❶ 在"**拍摄设置 2 菜单**"的第 2 页中选择"**AF 跟踪灵敏度**"选项

3.18.2 AF驱动速度

在"AF 驱动速度"菜单中，可以设置录制视频时自动对焦的速度。

在录制体育运动等运动幅度很强的画面时，可以设定为"高速"，而如果想要在被摄体移动期间平滑地进行对焦时，则设定为"低速"，如图 3-60 所示。

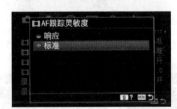

❷ 按▲或▼方向键选择"**响应**"或"**标准**"选项，然后按控制拨轮中央按钮确认

图 3-57

例如，图 3-58 和图 3-59 所示中，摩托车手短暂被其他摄影师所遮挡，此时如果对焦灵敏度过高，焦点就

❶ 在"**拍摄设置 2 菜单**"的第 2 页中选择"**AF 驱动速**"选项

❷ 按▲或▼方向键选择"**高速**""**标准**"或"**低速**"选项，然后按控制拨轮中央按钮确认

图 3-60

图 3-58

3.19 用索尼相机录制视频时设置录音参数并监听现场音

3.19.1 设置录音

以 SONY α RIV 微单相机例，在录制视频时，可以通过"录音"菜单设置是否录制现场的声音，如图 3-61 所示。

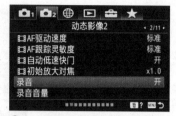

❶ 在"**拍摄设置 2 菜单**"的第 2 页中选择"**录音**"选项

❷ 按▼或▲方向键选择"**开**"或"**关**"选项，然后按控制拨轮中央按钮确定

图 3-61

3.19.2 设置录音音量

当开启录音功能时，可以通过"麦克风"菜单设置录音的等级。

在录制现场声音较大的视频时，设定较低的录音电平可以记录具有临场感的音频。

录制现场声音较小的视频时，设定较高的录音电平可以记录容易听取的音频，如图 3-62 所示。

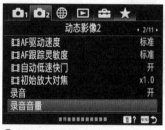

❶ 在"**拍摄设置 2 菜单**"的第 2 页中选择"**录音音量**"选项

❷ 按◄或►方向键选择所需等级，然后按控制拨轮中央按钮确定

图 3-62

3.19.3 减少风噪声

选择"开"选项，可以减弱通过内置麦克风进入的室外风声噪声，包括某些低音调噪声；在无风的场所进行录制时，建议选择"关"选项，以便录制到更加自然的声音，如图 3-63 所示。

此功能对外置麦克风无效。

❶ 在"**拍摄设置 2 菜单**"的第 3 页中选择"**减少风噪声**"选项

❷ 按▼或▲方向键选择"**开**"或"**关**"选项，然后按控制拨轮中央按钮确定

图 3-63

第 4 章

拍视频必学的
镜头语言与脚本

4.1 认识镜头语言

"镜头语言"既然带了"语言"二字，那就说明这是一种与说话类似的表达方式；而"镜头"二字则代表是用镜头来进行表达。所以镜头语言可以理解为用镜头表达的方式，即通过多个镜头中的画面，包括组合镜头的方式，向观众传达拍摄者希望表现的内容。

所以，在一个视频中，除了声音外，所有为了表达而采用的运镜方式、剪辑方式和一切画面内容，均属于镜头语言。

4.2 镜头语言之运镜方式

运镜方式是指录制视频过程中，摄像器材的移动或者焦距调整方式，主要分为推镜头、拉镜头、摇镜头、移镜头、甩镜头、跟镜头、升镜头与降镜头 8 种，简称为"推拉摇移甩跟升降"，另外，环绕镜头可以产生更具视觉冲击力的画面效果，本节将分别进行介绍。

需要提前强调的是，在介绍各种镜头运动方式的特点时，为了便于用户理解，会说明此种镜头运动在一般情况下适合表现哪类场景，但这绝不意味着其只能表现这类场景，在其他特定场景下应用也许会更具表现力。

4.2.1 推镜头

推镜头是指镜头从全景或别的景位由远及近向被摄对象推进拍摄，逐渐推成近景或特写镜头。其作用在于强调主体、描写细节、制造悬念等，如图 4-1 所示。

⌃ 推镜头示例

图 4-1

4.2.2　拉镜头

　　拉镜头是指将镜头从全景或别的景位由近及远调整，景别逐渐变大，以表现更多环境。其作用主要在于表现环境，强调全局，从而交代画面中局部与整体之间的联系，如图 4-2 所示。

⌃ 拉镜头示例

图 4-2

4.2.3　摇镜头

　　摇镜头是指机位固定，通过旋转相机而摇摄全景，或者跟着拍摄对象的移动进行摇摄（跟摇），如图 4-3 所示。
　　摇镜头的作用主要为 4 点，分别是介绍环境、从一个被摄主体转向另一个被摄主体、表现人物运动，以及代表剧中人物的主观视线。
　　值得一提的是，当利用"摇镜头"介绍环境时，通常表现的是宏大的场景。左右摇镜头适合拍摄壮阔的自然美景；上下摇镜头则适用于展示建筑的雄伟或峭壁的险峻。

⌃ 摇镜头示例

图 4-3

4.2.4 移镜头

拍摄时，机位在一个水平面上移动（在纵深方向移动则为推 / 拉镜头）的镜头运动方式称为移镜头，如图 4-4 所示。

移镜头的作用其实与摇镜头十分相似，但在"介绍环境"与"表现人物运动"这两点上，其视觉效果更为强烈。在一些制作精良的大型影片中，可以经常看到这类镜头所表现的画面。

另外，由于采用移镜头方式拍摄时，机位是移动的，所以画面具有一定的流动感，这会让观赏者感觉仿佛置身于画面中，更有艺术感染力。

⚠ 移镜头示例

图 4-4

4.2.5 甩镜头

甩镜头是指一个画面拍摄结束后，迅速旋转镜头到另一个方向的镜头运动方式。由于甩镜头时，画面的运动速度非常快，所以该部分画面内容是模糊不清的，但这正好符合人眼的视觉习惯（与快速转头时的视觉感受一致），所以会给观赏者带来较强的临场感，如图 4-5 所示。

值得一提的是，甩镜头既可以在同一场景中的两个不同主体间快速转换，模拟人眼的视觉效果；又可以在甩镜头后直接接入另一个场景的画面（通过后期剪辑进行拼接），从而表现同一时间下，不同空间中并列发生的情景，此法在影视剧制作中经常出现。

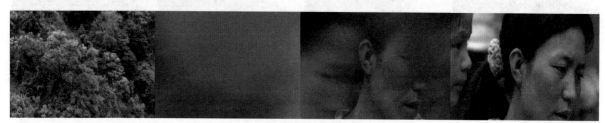

⚠ 甩镜过程中的画面是模糊不清的，以此迅速在两个不同场景间进行切换

图 4-5

4.2.6 跟镜头

跟镜头又称"跟拍",是跟随被摄对象进行拍摄的镜头运动方式。跟镜头可连续而详尽地表现角色在行动中的动作和表情,既能突出运动中的主体,又能交代动体的运动方向、速度、体态及其环境的关系,有利于展示人物在动态中的精神面貌,如图 4-6 所示。

跟镜头在走动过程中的采访,以及体育视频中经常使用。拍摄位置通常位于人物前方,形成"边走边说"的视觉效果。而体育视频则通常为侧面拍摄,从而表现运动员运动的姿态。

◇ 跟镜头示例

图 4-6

4.2.7 升镜头与降镜头

升镜头是指相机的机位慢慢升起,从而表现被摄体的高大,在影视剧中,也被用来表现悬念,如图 4-7 所示;降镜头的方向则与之相反。升降镜头的特点在于能够改变镜头和画面的空间,有助于增强戏剧效果。

需要注意的是,不要将升降镜头与摇镜混为一谈。例如机位不动,仅将镜头仰起,此为摇镜头,展现的是拍摄角度的变化,而不是高度的变化。

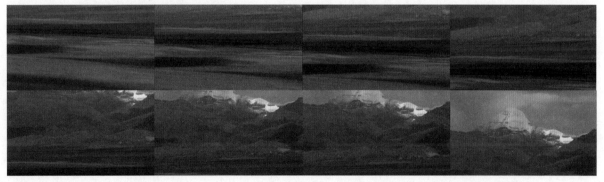

◇ 升镜头示例

图 4-7

4.2.8　环绕镜头

将移镜头与摇镜头组合起来，就可以实现一种比较炫酷的运镜方式——环绕镜头。通过环绕镜头可以 360° 全方位展现某一主体，经常用于在华丽场景下突出新登场的人物，或者展示景物的精致细节，如图 4-8 所示。

⬆ 环绕镜头示例

图 4-8

环绕镜头最简单的实现方法，就是将相机安装在稳定器上，然后手持稳定器，在尽量保持相机稳定的情况下绕人物跑一圈儿即可。

4.3　3 个常用的镜头术语

之所以对主要的镜头运动方式进行总结，一方面是因为比较常用，又各有特点；另一方面，则是为了交流、沟通所需的画面效果。

因此，除了上述 9 种镜头运动方式外，还有一些偶尔也会用到的镜头运动或者是相关"术语"，如"空镜头""主观性镜头""客观性镜头"等。

4.3.1　空镜头

空镜头是指画面中没有人的镜头。也就是单纯拍摄场景或场景中局部细节的画面，通常用来表现景物与人物的联系或借物抒情，如图 4-9 所示。

⬆ 一组空镜头表现事件发生的环境

图 4-9

4.3.2　主观性镜头

主观性镜头其实就是把镜头当作人的眼睛，可以形成较强的代入感，非常适合表现人物的内心感受，如图 4-10 所示。

⬆ 主观性镜头可以模拟出人眼看到的画面效果

图 4-10

4.3.3　客观性镜头

客观性镜头是指完全以一种旁观者的角度进行拍摄，如图 4-11 所示。其实这种说法就是为了与"主观性镜头"区分。因为在视频录制过程中，除了主观性镜头就是客观性镜头，而客观性镜头又往往占据着视频中的绝大部分，所以几乎没有人会说"拍个客观性镜头"这样的话。

⬆ 客观性镜头示例

图 4-11

4.4　镜头语言之转场

镜头转场方式可以归纳为两大类，分别为技巧性转场和非技巧性转场。技巧性转场指的是在拍摄或者剪辑时要采用一些技术或者特效才能实现；而非技巧性转场则是直接将两个镜头拼接在一起，通过镜头之间的内在联系，让画面切换显得自然、流畅。

4.4.1 技巧性转场

1. 淡入淡出

淡入淡出转场即上一个镜头的画面由明转暗,直至黑场;下一个镜头的画面由暗转明,逐渐显示至正常亮度,如图 4-12 所示。淡出与淡入过程的时长一般各为 2 秒,但在实际编辑时,可以根据视频的情绪、节奏灵活掌握。部分影片中,在淡出淡入转场之间还有一段黑场,可以表现出剧情告一段落,或者让观赏者陷入思考。

⚙ 淡入淡出转场形成的由明到暗再由暗到明的转场过程

图 4-12

2. 叠化转场

叠化是指将前后两个镜头在短时间内重叠,并且前一个镜头逐渐模糊到消失,后一个镜头逐渐清晰直到完全显现。叠化转场主要用来表现时间的消逝、空间的转换,或者在表现梦境和回忆的镜头中使用,如图 4-13 所示。

值得一提的是,由于在叠化转场时,前后两个镜头会有几秒比较模糊的重叠,如果镜头质量不佳,可以用这段时间掩盖镜头缺陷。

⚙ 叠化转场会出现前后场景景物模糊重叠的画面

图 4-13

3. 划像转场

划像转场也被称为扫换转场,可分为划出与划入。上一个画面从某一方向退出屏幕称为划出;下一个画面从某一方向进入屏幕称为划入,如图 4-14 所示。根据画面进、出屏幕的方向不同,可分为横划、竖划、对角线划等,通常在两个内容意义差别较大的镜头转场时使用。

⚙ 画面横向滑动,前一个镜头逐渐划出,后一个镜头逐渐划入

图 4-14

4.4.2 非技巧性转场

1. 利用相似性进行转场

当前后两个镜头具有相同或相似的主体形象，或者在运动方向、速度和色彩等方面具有一致性时，即可实现视觉连续、转场顺畅的目的，如图 4-15 所示。

例如，上一个镜头是果农在果园里采摘苹果，下一个镜头是顾客在菜市场挑选苹果的特写，利用上下镜头都有"苹果"这一相似性内容，将两个不同场景下的镜头联系起来，从而实现自然、顺畅的转场效果。

⚓ 利用"夕阳的光线"这一相似性进行转场的 3 个镜头

图 4-15

2. 利用思维惯性进行转场

利用人们的思维惯性进行转场，往往可以产生联系上的错觉，使转场流畅而有趣。

例如，上一个镜头是孩子在家里和父母说"我去上学了"，然后下一个镜头切换到学校大门的场景，整个场景转换过程就会比较自然。究其原因在于观赏者听到"去上学"3 个字后，脑海中自然会呈现出学校的场景，所以此时进行场景转换就会显得比较顺畅，如图 4-16 所示。

⚓ 通过语言等其他方式让观赏者脑海中呈现某一景象，从而进行自然、流畅的转场

图 4-16

3. 两级镜头转场

利用前后镜头在景别、动静变化等方面的巨大反差和对比，形成明显的段落感，这种方法称为两级镜头转场，如图 4-17 所示。

由于此种转场方式的段落感比较强，可以突出视频中的不同部分。例如，前一段落大景别结束，下一段落小景别开场，有种类似写作"总分"的效果。也就是在大景别部分让各位对环境有一个大致的了解，然后在小景别部分，细说其中的故事，从而让观赏者在观看视频时有一个更加清晰的思路。

⚠ 先通过远景表现日落西山的景观，然后自然地转接两个特写镜头，分别表现"日落"和"山"

图 4-17

4. 声音转场

用音乐、音响、解说词、对白等与画面相配合的转场方式称为声音转场。声音转场方式主要分为以下 3 种。

（1）利用声音的延续性自然转换到下一段落。其中，主要方式是同一旋律、声音的提前进入和前后段落声音相似部分的叠化。利用声音的吸引作用，弱化了画面转换、段落变化时的视觉跳动。

（2）利用声音的呼应关系实现场景转换。上下镜头通过两个接连紧密的声音进行衔接，并同时进行场景的更换，让观赏者有一种穿越时空的视觉感受。例如，上一个镜头是男孩儿在公园里问女孩儿"你愿意嫁给我吗？"，下一个镜头是女孩儿回答"我愿意"，但此时场景已经转到了结婚典礼现场。

5. 空镜转场

只拍摄场景的镜头称为空镜头。这种转场方式通常在需要表现时间或者空间巨大变化时使用，从而起到一个过渡、缓冲的作用，如图 4-18 所示。

除此之外，空镜头也可以实现"借物抒情"的效果。例如，上一个镜头是女主角向男主角在电话中提出分手，接一个空镜头，是雨滴落在地面的景象，然后再接男主角在雨中接电话的景象。其中，"分手"这种消极情绪与雨滴落在地面的镜头之间是有情感上的内在联系的；而男主角站在雨中接电话，由于与空镜头中的"雨"存在空间上的联系，从而实现了自然且富有情感的转场效果。

⚠ 利用空镜头衔接时间和空间发生大幅跳跃的镜头

图 4-18

6. 主观镜头转场

主观镜头转场是指上一个镜头拍摄主体正在观看的画面，下一个镜头接转主体所观看的对象，这就是主观镜头转场。主观镜头转场是按照前、后两个镜头之间的逻辑关系来处理转场的手法，既显得自然，同时也可以引起观众的探究心理，如图 4-19 所示。

❯ 主观镜头通常会与主体所看景物的镜头连接在一起

图 4-19

7. 遮挡镜头转场

当某物逐渐遮挡画面，直至完全遮挡，然后再逐渐离开，显露画面的过程就是遮挡镜头转场。这种转场方式可以将过场戏省略掉，从而加快画面节奏，如图 4-20 所示。

其中，如果遮挡物距离镜头较近，阻挡了大量的光线，导致画面完全变黑，再由纯黑的画面逐渐转变为正常的场景，这种方法称为挡黑转场。而挡黑转场还可以在视觉上给人以较强的冲击感，同时还可以制造视觉悬念。

▲ 当马匹完全遮挡住骑马的孩子时，镜头自然地转向了羊群特写

图 4-20

4.5 镜头语言之"起幅"与"落幅"

4.5.1 理解"起幅"与"落幅"的含义和作用

起幅是指在运动镜头开始时，要有一个由固定镜头逐渐转为运动镜头的过程，而此时的固定镜头则被称为起幅。

为了让运动镜头之间的连接没有跳动感、割裂感，往往需要在运动镜头的结尾处逐渐转为固定镜头，称为落幅。

除了可以让镜头之间的连接更加自然、连贯之外，"起幅"和"落幅"还可以让观赏者在运动镜头中看清画面中的场景。其中起幅与落幅的时长一般为 1 ~ 2 秒，如果画面信息量比较大，如远景镜头，则可以适当延长时间，如图 4-21 所示。

◀ 在镜头开始运动前停顿一下，可以将画面信息充分传达给观众

图 4-21

4.5.2　起幅与落幅的拍摄要求

由于起幅和落幅是固定镜头，考虑到画面美感，在构图时要严谨。尤其是在拍摄落幅阶段时，镜头所停稳的位置、画面中主体的位置和所包含的景物均要进行精心设计，如图 4-22 所示。

另外，镜头停稳的时间也要恰到好处。过晚进入落幅则会与下一段起幅衔接时出现割裂感，而过早进入落幅又会导致镜头停滞时间过长，让画面显得僵硬、死板。

在镜头开始运动和停止运动的过程中，镜头速度的变化要尽量均匀、平稳，从而让镜头衔接得更加自然、顺畅。

◀ 镜头的起幅与落幅是固定镜头录制的画面，所以在构图上要比较讲究

图 4-22

4.6　镜头语言之镜头节奏

4.6.1　镜头节奏要符合观众的心理预期

当看完一部由多个镜头组成的视频时，并不会感觉视频有割裂感，而是一种流畅、自然的观看感受。这种观看感受正是由于镜头的节奏与观众的心理节奏相吻合的结果。

例如在观看一段打斗视频时，此时观众的心理预期自然是激烈、刺激，因此即便镜头切换得再快、再频繁，在视觉上也不会感觉不适，如图 4-23 所示。相反，如果在表现打斗画面时，采用相对平缓的镜头节奏，反而会产生一种突兀感。

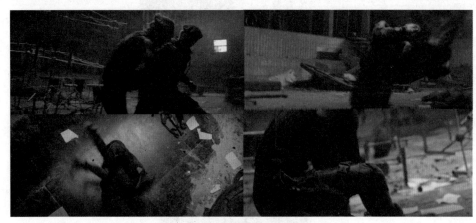

◀ 为了营造激烈的打斗氛围，一个镜头时长甚至会控制在 1 秒以内

图 4-23

4.6.2 镜头节奏应与内容相符

对于表现动感和奇观性的好莱坞大片而言，自然要通过鲜明的节奏和镜头冲击力来获得刺激性；而对于表现生活、情感的影片，则往往镜头节奏比较慢，从而营造出更现实的观感，如图 4-24 所示。

镜头的节奏要与视频中的音乐、演员的表演、环境的影调相匹配。例如在悠扬的音乐声中，整体画面影调很明亮的情况下，镜头的节奏也应该比较舒缓，从而让整个画面显得更协调。

◀ 为了表现出地震时的紧张氛围，在 4 秒内出现了 4 个镜头，平均 1 秒一个镜头

图 4-24

4.6.3 利用节奏控制观赏者的心理

比如,一度火遍全网的张同学就非常善于利用视频节奏来控制视频效果,进而影响观赏者心理,以至于引来了"人民网评"这样的重量级媒体关注。

张同学的视频一般在 5~7 分钟,但通常有 200 个左右镜头,每个镜头平均仅为 2.27 秒,快节奏加第一视角,使其视频有很强的代入感,借用网友评论就是"不知不觉下就把视频看完了"。

◀ 张同学的快节奏视频获得人民网评的关注

图 4-25

4.6.4 把握住视频整体的节奏

为了突出风格、表达情感,任何一个视频中都应该具有一个或多个主要节奏。之所以有可能具有多个主要节奏,原因在于很多视频会出现情节上的反转,或者是不同的表达阶段。那么对于有反转的情节,镜头的节奏也要产生较大幅度的变化;而对于不同的阶段,则要根据上文所表达的内容及观众预期心理来寻找适合当前阶段的主节奏。

需要注意的是,把握视频的整体节奏不代表节奏单调。在整体节奏不变的前提下,适当的节奏变化可以让视频更生动,在变化中走向统一,如图 4-26 所示。

◀ 电影《肖申克的救赎》开头在法庭上的片段,每一个安迪和法官的近景镜头都在 10 秒左右,以此强调人物的心理,也奠定了影片以长镜头为主、节奏较慢的纪实性叙事方式

图 4-26

4.6.5 镜头节奏也需要创新

就像拍摄静态照片中所学习的基本构图方法一样，介绍这些方法，只是为了让用户找到构图的感觉，想拍出自己的风格，仍然要靠创新。镜头节奏的控制也是如此。

不同的导演面对不同的片段时，都有其各自的节奏控制方法和理解。但对于初学者而言，在对镜头节奏还没有感觉时，通过学习一些基本的、常规的节奏控制思路，可以拍摄或剪辑出一些节奏合理的视频。在经过反复的练习，对节奏有了自己的理解之后，就可以尝试创造出具有独特个人风格的镜头节奏。

4.7 控制镜头节奏的 4 个方法

4.7.1 通过镜头长度影响节奏

镜头的时间长度是控制节奏的重要手段。有些视频需要比较快的节奏，例如运动视频、搞笑视频等。但抒情类的视频则需要比较慢的节奏。大量使用短镜头会加快节奏，从而使观众产生紧张心理；而使用长镜头则会减缓节奏，可以让观众感到心态舒缓、平和，如图 4-27 所示。

⌃ 图示镜头共持续了 6 秒，
从而表现出一种平静感

图 4-27

4.7.2 通过景别变化影响节奏

通过景别的变化可以创造节奏。景别的变化速度越快，变化幅度越大，画面的节奏也就越鲜明。相反，如果多个镜头的景别变化较小，则视频较为平淡，表现出一种舒缓的氛围。

一般从全景切到特写的镜头更适合表达紧张的心理，所以相应的景别变化幅度和频率会比较高；而从特写切到全景，则往往表现一种无能为力和听天由命的消极情绪，所以更多地使用长镜头来突出这种压抑感。

4.7.3 通过运镜影响节奏

运镜也会影响画面的节奏，而这种节奏感主要来源于画面中景物的移动速度和方向的不同。当运镜速度、运镜方向不同的多个镜头组合在一起时，节奏也就产生了。

当运镜速度、方向变化较大时，就可以表现出动荡、不稳定的视觉感受，也会给观众一种随时迎接突发场景、剧情跌宕起伏的心理预期，如图 4-28 所示。

◭ 相邻镜头进行大幅度景别的变化，可以让视频节奏感更鲜明

图 4-28

当运镜速度、方向变化较小时，视频就会呈现出平稳、安逸的视觉感受，给观众以事态会正常发展的心理预期，如图 4-29 所示。

◭ 不同镜头的运镜速度相对一致就会营造一种稳定的视觉感受

图 4-29

4.7.4 通过特效影响节奏

随着拍摄技术和视频后期技术的不断发展，有些特效可以产生与众不同的画面节奏。例如首次在《黑客帝国》中出现的"子弹时间"特效，在激烈的打斗画面中，对一个定格瞬间进行 360° 的全景展现，如图 4-30 所示。这种大大降低镜头节奏的拍摄手法，在之前的武打片段中是不可能被接受的。所以即便是现在，对于前后期视频制作技术的创新仍在继续。当出现一种新的特效拍摄、制作方法时，就可以产生与原有画面节奏完全不同的观看感受。

△《黑客帝国》中的"子弹时间"特效画面

图 4-30

4.8 利用光与色彩表现镜头语言

"光影形色"是画面的基本组成要素，通过拍摄者对用光及色彩的控制，可以表达出不同的情感和画面氛围。一般来说，暗淡的光线和低饱和度的色彩往往表现出一种压抑、紧张的氛围；而明亮的光线与鲜艳的色彩则表现出一种轻松、愉悦的感觉。

例如在《肖申克的救赎》这部电影中，在监狱中的画面，其色彩和影调都比较灰暗；而最后瑞德出狱去找安迪时，画面明显更加明亮，色彩也更艳丽。这点在瑞德出狱后找到安迪时的海滩场景中表现得尤为明显，如图 4-31 所示。

△《肖申克的救赎》狱中、狱外的色彩与光影有着明显的反差

图 4-31

4.9 简单了解拍摄前必做的"分镜头脚本"

通俗地理解，分镜头脚本就是将一个视频所包含的每一个镜头拍什么、怎么拍，先用文字写出来或者画出来（有的分镜头脚本会利用简笔画表明构图方法），也可以理解为拍视频之前的计划书。

在影视剧拍摄中，分镜头脚本有着严格的绘制要求，是拍摄和后期剪辑的重要依据，并且需要经过专业的训练才能完成。但作为普通摄影爱好者，大多数都以拍摄短视频或者 Vlog 为目的，因此只需了解其作用和基本撰写方法即可。

4.9.1 "分镜头脚本"的作用

1. 指导前期拍摄

即便是拍摄一个长度仅为 10 秒左右的短视频，通常也需要 3 ~ 4 个镜头来完成。那么 3 个或 4 个镜头计划怎么拍，就是分镜脚本中应该写清楚的内容，如图 4-32 所示，从而避免到了拍摄场地后现场构思，既浪费时间，又可能因为思考时间太短而得不到理想的画面情况的发生。

值得一提的是，虽然分镜头脚本有指导前期拍摄的作用，但不要被其所束缚。在实地拍摄时，如果有更好的创意，则应该果断采用新方法进行拍摄。如果担心临时确定的拍摄方法不能与其他镜头（拍摄的画面）衔接，则可以按照原分镜头脚本中的计划拍摄一个备用镜头，以防万一。

⬆ 徐克导演分镜头手稿

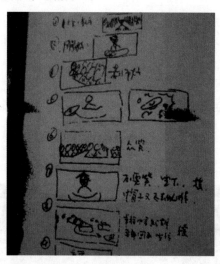
⬆ 姜文导演分镜头手稿

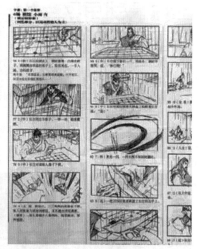
⬆ 张艺谋导演分镜头手稿

图 4-32

2. 后期剪辑的依据

根据分镜头脚本拍摄的多个镜头，需要通过后期剪辑合并成一个完整的视频。因此，镜头的排列顺序和镜头转换的节奏都需要以镜头脚本作为依据。尤其是在拍摄多组备用镜头后，很容易相互混淆，导致不得不花费更多的时间进行整理。

另外，由于拍摄时现场的情况很可能与预期不同，所以前期拍摄未必完全按照分镜头脚本进行。此时就需要懂得变通，抛开分镜头脚本，寻找最合适的方式进行剪辑。

4.9.2 "分镜头脚本"的撰写方法

掌握了"分镜头脚本"的撰写方法，也就学会了如何制定短视频或者 Vlog 的拍摄计划。

1. "分镜头脚本"中应该包含的内容

一份完善的分镜头脚本，应该包含镜头编号、景别、拍摄方法、时长、画面内容、拍摄解说和音乐 7 部分内容。下面逐一讲解每部分内容的作用。

（1）镜头编号。镜头编号代表各个镜头在视频中出现的顺序。绝大多数情况下，也是前期拍摄的顺序（因客观原因导致个别镜头无法拍摄时，则会先跳过）。

（2）景别。景别分为全景（远景）、中景、近景和特写，用于确定画面的表现方式。

（3）拍摄方法。针对拍摄对象描述镜头运用方式，是"分镜头脚本"中唯一对拍摄方法的描述。

（4）时间。用来预估该镜头的拍摄时长。

（5）画面。对拍摄的画面内容进行描述。如果画面中有人物，则需要描绘人物的动作、表情、神态等。

（6）解说。对拍摄过程中需要强调的细节进行描述，包括光线、构图及镜头运用的具体方法等。

（7）音乐。确定背景音乐。

提前对上述 7 部分内容进行思考并确定后，整个视频的拍摄方法和后期剪辑的思路、节奏就基本确定了。虽然思考的过程比较费时，但正所谓"磨刀不误砍柴工"，做一份详尽的分镜头脚本，可以让前期拍摄和后期剪辑轻松很多。

2. 撰写"分镜头脚本"

了解了"分镜头脚本"所包含的内容后，就可以自己尝试进行撰写了。这里以在海边拍摄一段短视频为例介绍"分镜头脚本"的撰写方法。

由于"分镜头脚本"是按不同镜头进行撰写的，所以一般都是以表格的形式呈现。但为了便于介绍撰写思路，会先以成段的文字进行讲解，最后再通过表格呈现最终的"分镜头脚本"。

首先整段视频的背景音乐统一确定为陶喆的《沙滩》，然后再分镜头讲解设计思路，如图 4-33 所示。

镜头 1：人物在沙滩上散步，并在旋转过程中让裙子散开，表现出海边的惬意。所以"镜头 1"利用远景将沙滩、海水和人物均纳入画面中。为了让人物在画面中显得比较突出，应穿着颜色鲜艳的服装。

镜头 2：由于"镜头 3"中将出现新的场景，所以将"镜头 2"设计为一个空镜头，单独表现"镜头 3"中的场地，让镜头彼此之间具有联系，起到承上启下的作用。

镜头 3：经过前面两个镜头的铺垫，此时通过在垂直方向上拉镜头的方式，让镜头逐渐远离人物，表现出栈桥的线条感与周围环境的空旷、大气之美。

镜头 4：最后一个镜头则需要将画面拉回视频中的主角——人物。同样通过远景来表现，同时兼顾美丽的风景与人物。在构图时要利用好栈桥的线条，形成透视牵引线，增强画面的空间感。

⚐ 镜头 1：表现人物与海滩景色

⚐ 镜头 2：表现出环境

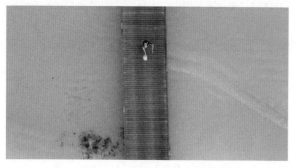

⚐ 镜头 3：逐渐表现出环境的极简美

⚐ 镜头 4：回归人物

图 4-33

经过上述的思考后，就可以将"分镜头脚本"以表格的形式表现出来，最终的成品如表 4-1 所示。

表 4-1

镜号	景别	拍摄方法	时间	画面	解说	音乐
1	远景	移动机位拍摄人物与沙滩	3 秒	穿着红衣的女子在沙滩上、海水边散步	采用稍微俯视的角度，表现出沙滩与海水。女子可以摆动起裙子	《沙滩》
2	中景	以摇镜头的方式表现栈桥	2 秒	狭长栈桥的全貌逐渐出现在画面中	摇镜头的最后一个画面，需要栈桥透视线的灭点位于画面中央	同上
3	中景 + 远景	中景俯拍人物，采用拉镜头方式，让镜头逐渐远离人物	10 秒	从画面中只有人物与栈桥，再到周围的海水，再到更大空间的环境	通过长镜头，以及拉镜头的方式，让画面逐渐出现更多的内容，引起观赏者的兴趣	同上
4	远景	固定机位拍摄	7 秒	女子在优美的栈桥上翩翩起舞	利用栈桥让画面更具空间感。人物站在靠近镜头的位置，使其占据一定的画面比例	同上

打下学习剪映的基础

5.1 认识手机版剪映的界面

在将一段视频素材导入手机剪映 App 后，即可看到其编辑界面。
该界面由三部分组成，分别为预览区、时间线和工具栏。

（1）预览区：预览区的作用在于可以实时查看视频画面。随着
时间轴处于视频轨道不同的位置，预览区即显示当前时间轴所在那一
帧的图像。

视频剪辑过程中的任何一个操作，都需要在预览区中确定其效果。
对完整视频进行预览后，发现已经没有必要继续修改时，一个视频的
后期就完成了。"预览区"在剪映界面中的位置如图 5-1 所示。

在图 5-1 中，"预览区"左下角显示的时间为"00:02/00:03"。
其中"00:02"表示当前时间轴位于的时间刻度为"00:02"；"00:03"
则表示视频总时长为 3 秒。

点击预览区下方的▷图标，即可从当前时间轴所处位置播放视
频；点击⤺图标，即可撤回上一步操作；点击▰图标，即可在撤回操
作后，再将其恢复；点击▨图标可全屏预览视频。

（2）时间线：在使用剪映 App 进行视频后期时，90% 以上的操
作都是在"时间线"区域完成的，该区域在剪映中的位置如图 5-1 所
示。该区域包含三大元素，分别是"轨道""时间轴"和"时间刻度"。
当需要对素材长度进行剪裁，或者添加某种效果时，就需要同时运用
这三大元素来精确控制剪裁和添加效果的范围。

1. 预览区

2. 时间线

3. 工具栏

图 5-1

（3）工具栏：剪映 App 编辑界面的最下方即为工具栏，该区域
在剪映中的位置如图 5-1 所示。剪映中的所有功能几乎都需要在工具栏中找到相关选项进行使用。在不选中任何轨
道的情况下，剪映所显示的为一级工具栏，点击相应选项，即会进入二级工具栏。

值得注意的是，当选中某一轨道后，剪映工具栏会随之发生变化，变成与所选轨道相匹配的工具。图 5-2 所示为
选中视频轨道的工具栏，图 5-3 所示为选择音频轨道时的工具栏。

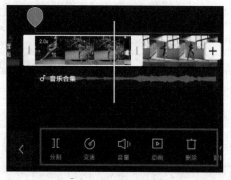

图 5-2

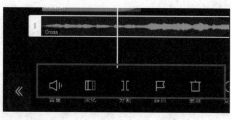

图 5-3

5.2 认识剪映专业版的界面

剪映专业版是将剪映手机版移植到计算机上的，所以整体操作的底层逻辑与手机版剪映几乎完全相同。

得益于计算机的屏幕较大，所以在界面上会有一定区别。因此只要了解各个功能、选项的位置，在学会手机版剪映操作的情况下，也就自然知道如何通过剪映专业版进行剪辑。

剪映专业版主要包含 6 大区域，分别为工具栏、素材区、预览区、细节调整区、常用功能区和时间线区域，如图 5-4 所示。在这 6 大区域中，分布着剪映专业版的所有功能和选项。其中占据空间最大的是"时间线"区域，而该区域也是视频剪辑的主要"战场"。剪辑的绝大部分工作，都是在对时间线区域中的"轨道"编辑，从而实现预期的画面效果。

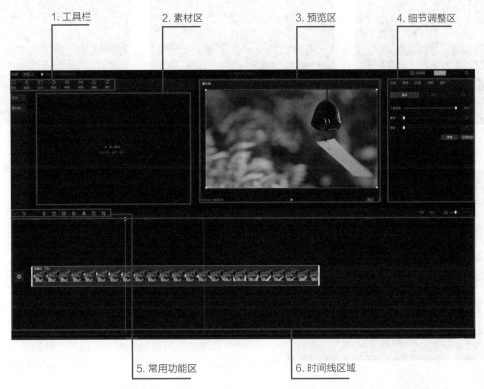

图 5-4

双击剪映图标启动程序，单击"开始创作"按钮，如图 5-5 所示，即可进入剪映专业版编辑界面。

1. 工具栏：工具栏区域中包含视频、音频、文本、贴纸、特效、转场、滤镜、调节 8 个选项。其中只有"视频"选项没有在手机版剪映出现。选择"视频"工具后，可以选择从"本地"，或者"素材库"导入素材至"素材区"。

2. 素材区：无论是从本地导入的素材，还是选择了工具栏中的"贴纸""特效""转场"等工具，其可用素材、效果，均会在"素材区"显示。

3. 预览区：在后期过程中，可随时在"预览区"查看效果。

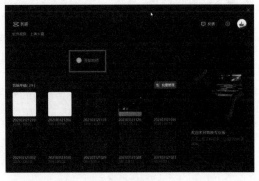

图 5-5

单击预览区右下角的 图标可进行全屏预览；单击右下角的 原始 图标，可以调整画面比例。

4. 细节调整区：当选中时间线区域中的某一轨道后，在"细节调整区"即出现可针对该轨道进行的细节设置。选中"视频轨道""文字轨道""贴纸轨道"时，"细节调整区"分别如图 5-6 ～图 5-8 所示。

图 5-6

图 5-7

图 5-8

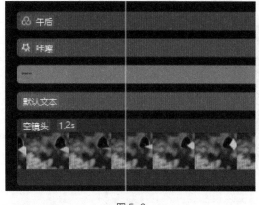

图 5-9

5. 常用功能区：在常用功能区中可以快速对视频轨道进行"分割""删除""定格""倒放""镜像""旋转"和"裁减"操作。

另外，如果有误操作，单击该功能区中的 图标，即可将上一步操作撤回；单击 图标，即可将鼠标的作用设置为"选择"或者是"切割"。当选择"切割"选项时，在视频轨道上按下鼠标左键，即可在当前位置"分割"视频。

6. 时间线区域：时间线区域中包含 3 大元素，分别为"轨道""时间轴"和"时间刻度"。

由于剪映专业版界面较大，所以不同的轨道可以同时显示在时间线中，如图 5-9 所示。这点相比剪映手机版是其明显的优势，可以提高后期处理效率。

提示

在使用剪映手机版时，由于图片和视频会统一在"相册"中找到，所以"相册"就相当于剪映的"素材区"。但对于剪映专业版而言，计算机中并没有一个固定的存储所有图片和视频的文件夹。所以，剪映专业版才会出现单独的"素材区"。

因此，在使用剪映专业版进行后期处理的第一步，就是将准备好的一系列素材，全部添加到剪映专业版的"素材区"中。在后期过程中，需要哪个素材，直接其从素材区拖动到时间线区域即可。

另外，如果需要将视频轨道"拉长"，从而精确选择动态画面中的某个瞬间，可以通过时间线区域右侧的 滑动条进行调节。

5.3 零基础小白也能快速出片的方法

为了让零基础的小白也能快速剪出不错的视频，剪映提供了 3 种可以"一键成片"的功能。

5.3.1 提交图片或视频素材后"一键成片"

剪映中有一个功能就叫"一键成片"，可以在导入素材后，直接生成剪辑后的视频。具体使用方法如下。

（1）打开剪映，点击"一键成片"按钮，如图 5-10 所示。

（2）按顺序选择素材，点击界面右下角"下一步"按钮，如图 5-11 所示。

（3）生成视频后，在界面下方选择不同的效果，然后点击右上角的"导出"按钮即可，如图 5-12 所示。若希望对视频效果进行修改，可再次点击所选效果，并对素材顺序、音量以及文字等进行调整节。

图 5-10

图 5-11

图 5-12

5.3.2 通过文字"一键"生成短视频

通过"图文成片"功能，即可通过导入一段文字，让剪映自动生成视频，具体方法如下。

（1）打开剪映，点击"图文成片"按钮，如图 5-13 所示。

（2）点击"粘贴链接"按钮，将发布在今日头条上的链接输入，即可自动导入文字。或者点击"自定义输入"按钮，直接将文字输入至剪映，如图 5-14 所示。

（3）此处以"粘贴链接"为例，将链接复制粘贴后，点击"获取文字内容"按钮，如图 5-15 所示。

（4）文章显示后，点击右上角的"生成视频"按钮，如图 5-16 所示。

（5）如果对生成的视频满意，点击界面右上角的"导出"按钮即可。如果不满意，可以对"画面""音色""文字"等进行修改，或者点击右上角的"导入剪辑"按钮，利用剪映全部功能进行详细修改，如图 5-17 所示。

图 5-13

图 5-14

图 5-15

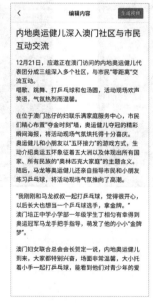

图 5-16

图 5-17

5.3.3 通过模板"一键"出片

通过剪映中的"剪同款"功能，可实现一键套用模板并生成视频，具体操作方法如下。

（1）打开剪映，点击界面下方的"剪同款"按钮，如图 5-18 所示。

（2）点击"希望使用的模板"按钮，此处以"手绘漫画变身"模板为例，如图 5-19 所示。

（3）点击界面右下角的"剪同款"按钮，如图 5-20 所示。

（4）选择素材后，点击界面右下角的"下一步"按钮，如图 5-21 所示。

（5）自动生成视频后，可点击界面右上角的"无水印导出分享"按钮。

如果需要修改，则可以点击界面下方的素材后，再次点击该素材，可以替换素材，或者进行裁剪、调节音量等，如图 5-22 所示。

图 5-18

图 5-19

图 5-20

图 5-21

图 5-22

5.4 搜索高质量模板的方法

使用剪同款功能生成的视频，其质量高低几乎完全取决于模板的质量。下面介绍如何找到高质量模板。

5.4.1 搜索模板的方法

点击界面下方的"剪同款"按钮后，在搜索栏输入想寻找的模板关键词，即可找到心仪或者想找的模板，例如爱情公寓片头、闭上眼睛全是你卡点等。

另外，点击"类型""片段数""时长"等按钮，并设置筛选条件，可以更容易地搜索到理想的模板，如图 5-23 所示。

5.4.2 购买模板对效果进行自定义

需要强调的是，剪映中的所有模板均可免费使用。之所以部分模板可以"购买"，其实购买的是该模板的草稿。也就是如果不满足于模板目前的效果，可以付费购买草稿后进行修改。

图 5-23

在使用某一模板时，在编辑界面，点击"编辑模板草稿"按钮，即可进入购买页面。另外，首次购买模板是免费的，如图 5-24 所示。

5.4.3 购买模板可以退款吗

付费模板属于虚拟商品，原则上不支持退款。但如遇严重问题，可发送交易订单号至官网提供的邮箱，并说明退款原因。经平台审核并通过后，会将款项退回至原支付渠道。

5.4.4 购买的付费模板不能用于制作商业视频

购买的模板草稿仅供个人剪辑和制作视频。视频可以发布在个人账号上，不能用于商业使用。

图 5-24

5.4.5 找到更多模板的方法

除了通过剪映的"剪同款"功能可以找到模板之外，在"巨量创意"网站中，同样可以搜索到大量模板，具体操作方法如下。

（1）进入"巨量创意"网站后，点击"模版视频"按钮，如图 5-25 所示。

图 5-25

（2）选择一个与自己所拍素材相关的模板，此处以"图书推荐模板"为例，将光标悬停在该模板上后，点击下方的"点击使用"按钮即可，如图 5-26 所示。

（3）然后将该模板中的素材替换为自己拍摄的，文字也做适当修改即可，如图 5-27 所示。设置完成后，点击右下角的"完成"按钮，即可生成视频。

图 5-26

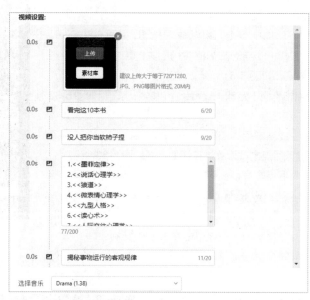

图 5-27

（4）将光标悬停在界面右上角的用户 ID 上，点击"我的资产"按钮，如图 5-28 所示。

（5）点击左侧导航栏中的"视频库"按钮，即可找到刚刚生成的视频，如图 5-29 所示。

图 5-28

图 5-29

5.5 使用剪映快速仿制视频的方法

在刚开始拍摄短视频时，如果不知道该怎么拍，不妨"模仿"下别人的视频。而且仿制视频，也是以较低成本起号的有效方式。但需要注意的是，因为是模仿拍摄，所以很难以形式吸引观众，只有内容足够优秀，才有可能脱颖而出。

5.5.1 使用"创作脚本"功能

通过"创作脚本"功能，可以直接生成一个"分镜头脚本"，或者简单理解为拍摄计划。该计划会详细到每一个镜头应该拍什么，只需要按照其要求拍摄即可，省下思考视频结构的时间。具体操作方法如下。

（1）打开剪映，点击"创作脚本"按钮，如图 5-30 所示。

（2）选择一个与想拍摄的主题相关的模板，此处以圣诞节主题为例，如图 5-31 所示。

（3）点击界面下方的"去使用这个脚本"按钮，如图 5-32 所示。

（4）生成脚本后，点击每一个分镜头右侧区域即可添加台词，输入后点击"保存"按钮即可，如图 5-33 所示。

（5）然后点击分镜头下方的 + 图标，即可选择是直接"拍摄"，还是"从相册上传"。建议将每个分镜头的台词准备好后，就按照脚本的安排将每段视频拍摄好，然后在准备出片时，再分别点击各个分镜头的 + 图标进行上传。

图 5-30

图 5-31

上传完成后，点击界面右上角的"导入剪辑"按钮，如图 5-34 所示。之后会进入剪映画面，将每个素材多余的部分裁剪掉，并配上音乐，即可出片。

图 5-32

图 5-33

图 5-34

5.5.2 使用"模板跟拍"功能

使用"脚本创作"功能其实省去的是用户做"分镜头脚本"的时间。拍摄完成后，依然需要进行后期剪辑才能出片。而"模板跟拍"功能则可以让用户在拍摄的同时就附加模板效果，省去了后期的工作，其出片效率要比"脚本创作"功能更高。但"模板跟拍"功能只适合拍摄一些短小的视频，这点是其不足之处。"模板跟拍"功能使用方法如下。

（1）进入剪映，点击"拍摄"按钮，如图 5-35 所示。

（2）点击界面右上角的品图标，如图 5-36 所示。

（3）选择 个与自己要拍摄的景物相近的模板，然后点击界面下方的"拍同款"按钮，如图 5-37 所示。

（4）等待模板效果加载完毕，在手机的录制界面就会直接呈现该效果，点击界面下方的 图标进行拍摄即可，如图 5-38 所示。

（5）录制完成后，点击界面下方的"确认并继续拍摄"按钮即可，如图 5-39 所示。

图 5-35

图 5-36

图 5-37

图 5-38

图 5-39

5.6 跟剪映官方学习技术

图 5-40　　　　　图 5-41

图 5-42　　　　　图 5-43

"师傅领进门，修行靠个人"。阅读本书虽然可以掌握剪映的基础和进阶技巧，但是剪映仍在不断更新中，不仅会有越来越多的新功能加入进来，而且旧的功能有可能也会发生变化，所以，可能读者在阅读本书时，就会发现某些功能已经发生了变化。

为了第一时间掌握这些功能，了解这些变化，读者可以通过以下方式，跟官方学剪映。

5.6.1　关注剪映官方抖音号

打开抖音，搜索"剪映"，即可找到图 5-40 所示的剪映官方创立的抖音号。在该账号中，可以学习到很多正在抖音风靡的创意效果。

还可以点击"保存本地"按钮将视频下载，如图 5-41 所示。然后将其传到计算机上，就可以一边学一边做，大大提升学习效率。

5.6.2　在剪映App中学"剪映"

打开剪映 App，点击界面下方的 ☺ 图标进入"创作课堂"，然后点击左上角的"全部课程"按钮，如图 5-42 所示。

在进入的界面中，可以看到剪映官方已经分好类的各种剪映教学，用户可以按照需求进行学习，如图 5-43 所示。

对于一些优秀的课程，还可以点击"收藏"按钮，然后在图 5-42 所示的右上角的"学习中心"中，找到"我的收藏"按钮，点击并进行反复学习。

掌握剪辑思路
让视频更连贯

6.1 "看不到"的剪辑

对于短视频而言，由于时间很短，所以对剪辑的要求比较低。而对于长视频，例如影视剧、综艺等，要想让观众长时间观看却不觉乏味、单调，剪辑的作用至关重要。流畅、优秀的剪辑，会让观众在看完视频后，完全感觉不到剪辑的存在，正所谓"看不到的剪辑，才是好的剪辑"。

6.1.1 剪辑的5个目的

"剪辑"是视频制作过程中不可或缺的一个部分。因为如果只依赖前期拍摄，那么势必在跨越时间和空间的画面中会出现很多冗余的部分，也很难把握画面的节奏与变化。所以，就需要利用"剪辑"来重新组合各个视频片段的顺序，并"剪"掉多余的画面，令画面的衔接更紧凑，结构更严密。

1. 去掉视频中多余的部分

"剪辑"最基本的目的在于将不需要的、多余的部分删除。例如视频片段的开头与结尾，往往会有些无实质内容，会影响画面节奏的部分，将这部分删除，就可以令画面更紧凑。同时，在录制过程中也难免会受到干扰，导致一些画面有瑕疵，不可用，也需要通过剪辑将其删除。

除此之外，一些画面没有问题，但是在剪辑过程中发现与视频主题有偏差，或者很难与其他片段衔接的内容，也可以将其"剪"掉，如图 6-1 所示。

从汽车行驶的过程，到停在加油站，再到下车交谈，这几个画面间势必会有一些无关紧要或者拖慢画面节奏的内容。将这些多余的内容删掉后，画面衔接就比较紧凑。

图 6-1

2. 自由控制时间和空间

在很多影视剧中经常会看到前一个画面还是白天，后一个画面已经是深夜。或者前一个画面在一个国家，下一个画面就到了另外一个国家。之所以在视频中可以呈现出这种时间和地点上的大幅跨越，就是剪辑在发挥作用。

通过剪辑可以自由控制时间和空间，从而打破物理制约，让画面内容更丰富的同时也省去了在转换时间和空间时的无意义内容。另外，在一些视频中，通过衔接不同时间和空间的画面，可以让故事情节更吸引观众，如图 6-2 所示。

从黑夜到白天，从山庄到火车站，通过剪辑可以实现时间与空间的快速交替。

图 6-2

3. 通过剪辑控制画面节奏

之所以大多数视频的画面都是在不断变化的，是因为一旦画面静止不动，就很容易让观者感觉到枯燥，并转而观看其他视频，从而导致视频的流量较低。

而剪辑可以控制视频片段时长，使其不断发生变化，从而保持观众的好奇心，并将整个视频看完。另外，对于不同的画面，也需要利用剪辑营造不同的节奏。例如比赛的画面就应该提高画面节奏，让多个视频片段在短时间内快速播放，营造紧张氛围，如图 6-3 所示；而温馨、抒情的画面则应该降低画面节奏，让视频中包含较多的长镜头，从而营造平静、淡然的氛围。

为了表现出比赛的紧张刺激，画面节奏会非常快

图 6-3

值得一提的是，由于抖音、快手等短视频平台的受众大多在"碎片时间"进行观看，所以尽量发布画面节奏较快、时长较短的视频，往往可以获得更高的流量。

4. 通过剪辑合理安排各画面顺序

在观看影视剧时，虽然画面不断在发生变化，但观者依然感觉很连贯，不会感到断断续续。其原因在于通过剪辑将符合心理预期和逻辑顺序的画面衔接在一起后，由于画面彼此存在联系，因此每一个画面的出现都不会让观众感到突兀，自然会形成流畅、连贯的视觉感受。

所谓"心理预期"即在看到某一个画面后，根据"视觉惯性"，本能地对下一个画面产生联想。如果视频画面与观众脑海中联想的画面有相似之处，即可形成连贯的视觉感受，如图 6-4 所示。

当男子吃惊地看向某个景物时，观众的心理预期自然是"他在看什么？"，所以接下来的镜头就对准了他所看到的鞋子。当画面中出现从药盒取药的画面时，根据逻辑顺序，自然接下来要喝水吃药。

图 6-4

"逻辑顺序"则可以理解为现实场景中，一些现象的自然规律。例如一个玻璃杯从桌子上滑落掉到地上打碎的画面。该画面既可以通过一个镜头表现，也可以通过多个镜头表现。如果通过多个镜头表现，那么杯子从桌子上滑落后，其下一个画面理应是摔到地上并打碎，因为这符合自然规律，也就符合正常的逻辑。通过逻辑关系衔接的画面，哪怕镜头数量再多，也会给观者一种连贯的视觉感受。

值得一提的是，如果想营造悬念感，则可以不按常理出牌，将不符合心理预期及逻辑顺序的画面衔接在一起，从而引发冲突，让观众思考这种"不合理"出现的原因。

5. 对视频进行二次创造

剪辑之所以能够成为独立的艺术门类，主要在于其是对镜头语言和视听语言的再创造。既然提到"创造"，就意味着即便是相同的视频素材，通过不同的方式进行剪辑，可以形成画面效果、风格甚至是情感都完全不同的视频。

而剪辑的本质，其实也是对视频画面中的人或者物进行解构再到重组的过程，也就是所谓的蒙太奇。

对于同样的视频素材，经过不同的剪辑师进行剪辑，其最终呈现的效果往往不尽相同甚至是天差地别。这也从侧面证明了，"剪辑"不是机械化劳动，而是需要发挥剪辑人员主观能动性，蕴含着对视频内容理解与思考的二次创造，如图 6-5 所示。

一段电影中的舞蹈画面，不同的剪辑师对于不同取景范围的素材选择以及画面交替时的节点，包括何时插入周围人的窃窃私语与表情都会有所不同。

图 6-5

6.1.2　"剪辑"与"转场"的关系

其实剪辑的目的无非是为了塑造故事，再一个是为了让画面连贯紧凑。而"转场"的作用也是为了让画面间更连贯，这就与"剪辑"产生了重合。

事实上，"剪辑"是包含"转场"的，或者说，"转场"是"剪辑"工作中的一部分。"转场"仅仅涉及两个画面的"衔接"，而剪辑不但要处理"衔接"，更重要的，是对多个画面进行组合，并控制每个画面的持续时间。

因此，在下文对"剪辑"的讲解中，会避免出现与第 8 章转场内容重复的部分，但会对额外的，通过剪映无法直接实现的"剪辑效果"进行介绍。

6.2　剪辑的 5 个基本方法

一些特定的画面相互连接会自然形成连贯的视觉感受，再根据不同的素材灵活地进行使用，就具备了基本的剪辑能力。但需要强调的是，剪辑没有公式，任何两个画面都可以衔接，所以下文讲解的只是"常规"方法，不是只有按照这些方法去剪辑才是对的。

6.2.1　反拍剪辑

两个拍摄方向相反的画面衔接，被称为"反拍剪辑"。这两个画面可以是针对同一主体，也可以是分别拍摄人物以及面对的景物。这种剪辑方式通常应用在人物面对面的场景，例如两人间的交谈、公众场所讲话等。如图 6-6 所示的两个画面，第一个画面是正在说话的人，第二个画面，则是所面对的那个人，故形成"反拍剪辑"并营造出对话场景。

图 6-6

6.2.2　主视角剪辑

在人物画面后衔接这个人物的第一视角画面，即为"主视角剪辑"。这种剪辑方式具有强烈的"代入感"，可以让观众进入角色，仿佛感受到角色的喜怒哀乐。图 6-7 所示的第一个画面中的人物正看向伤害他的人，紧跟着以第一视角画面表现他所看到的景象，从而让观众感受到他的无力反抗。

图 6-7

6.2.3　加入人们的"反应"

在某个画面之后衔接别人的"反应"，可以营造画面的情绪和氛围。图 6-8 所示的第一个画面展示了男孩儿的父母正在训斥他，而第二个画面则紧接着表现其未来的丈人和丈母娘的反应，顿时情绪变得严肃起来。有时还会衔接好几个表现人物表情、反应的画面，用来刻画某一"重大事件"造成的影响。

图 6-8

6.2.4 "插入"关键信息

加入表现画面中关键信息的画面，就被称为"插入"，也被称为"切出"。这种画面往往起到推动情节发展或者起到引入、切换画面的作用。图 6-9 所示的第一个画面表现出人物正在仔细观察什么，接下来则出现"跟踪器"的特写画面，以此"插入"正在进行跟踪的这一关键信息，推动了故事的发展。

图 6-9

6.2.5 通过声音进行剪辑

声音是对画面进行剪辑的主要动机之一。例如人物说话的声音，激烈打斗中出现的声音，从教堂中传出的声音，等等，不同的声音带给观众不同的感受，所以需要将素材剪辑为与之匹配的效果。图 6-10 所示的是一个男孩儿回忆起的悲惨经历，其中夹杂着或愤怒、或凄惨的尖叫声，还有火焰燃烧的声音，这些声音的快速切换串联起了多个画面。

图 6-10

6.3   8 个让视频更流畅的关键

通过"剪辑的 5 个方法",用户了解了常规情况下,哪些画面可以衔接在一起。虽然这些画面相互连接时并不会让观众感到突兀,但要想做到"看不到剪辑",还要注意一些可以让画面衔接更自然的细节。

而让画面间衔接更自然的本质,其实就是将两个有联系、有相同点、有相似点,互相匹配的画面相衔接。由于"剪辑"与"转场"间的关系,此部分内容也可以看作是"非技术性转场"的扩展。

6.3.1   方向匹配

当两个画面中的景物运动方向一致时,往往可以让衔接更自然。另外,当景物移出画面时,如果下一个画面表现该景物以相同的方向移入画面,那么画面会显得非常连贯。图 6-11 所示的第一个画面中两个奔跑的"人"从画面左侧移出,接下来第二个画面则从画面右侧出现,符合"方向匹配"。举一反三,如果景物是静止的,而镜头是移动的,那么两个镜头移动方向一致的画面依然符合"方向匹配"。

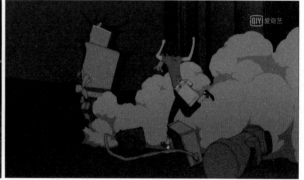

图 6-11

6.3.2   视线匹配

两个画面中的人物视线是相向而视的,就属于"视线匹配"。但有时剪辑者会故意让视线不匹配,以此表现人物眼神的刻意躲避或彼此的漠视。

图 6-12 所示中男人的视线并没有看向女人,就形成了视线不匹配的效果,表现出了双方的隔阂。

而随着谈话继续进展,当双方视线匹配时,则表现出他们开始感受到对方的痛苦与挣扎,画面的衔接也更连贯,如图 6-13 所示。

图 6-12

图 6-13

6.3.3 角度匹配

当前后两个画面的拍摄角度基本相同时，就称之为"角度匹配"。角度匹配通常应用在人物间对话的场景，来降低拍摄方向改变所造成的"变化"，让画面更流畅。图 6-14 所示的对话场景持续了近 5 分钟时间，画面多次在二人之间切换。由于拍摄角度在相反方向上几乎完全相同，所以让这一系列画面变得十分紧凑。另外，一些特殊角度的匹配，也用来营造画面氛围，例如多个画面采用倾斜角度，表现惊悚、紧张、激烈等。

图 6-14

6.3.4　构图匹配

当多个画面的构图存在相似之处时，依然会起到让视频更连贯的目的。而一些影片由于多次利用同一种构图方式，甚至会形成独特的风格，例如《布达佩斯大饭店》这部电影就大量使用了中央构图，并以此作为标志。但这对摄影师的要求非常高，毕竟需要让一种构图方式贯穿整部电影。因此人们常见的是类似图 6-15 所示的构图方式，通过相似的构图来衔接个别画面。

当然 我一直想见见杜莫莉尔夫人　　　据我所知 她的名字几乎无人不知

图 6-15

6.3.5　形状匹配

利用前后两个画面中相似的形状让场景变化更平滑，这被称为"形状匹配"。这种方式并不常见，却可以实现时间或空间的大范围变化，并且不让观众感到突兀。图 6-16 所示第一个画面地上的圆形图案就与下一个画面中的"唱片"相呼应，完成不同场景的衔接。

图 6-16

6.3.6　光线和色调匹配

连接在一起的画面不一定是同一时间拍摄的。而为了让观众认为两个画面的时间没有改变，就需要让光线和色调进行匹配，必要时需要进行调色，并营造光感。图 6-17 所示的影片，其夜晚的色调全部高度统一，势必要进行调色处理，从而实现色调匹配。另外，一些影视剧的色调会根据故事进展而变化，以此来暗示故事的不同阶段，或者为影视剧想要营造的氛围提供帮助。

图 6-17

6.3.7　动作匹配

两个画面中的动作如果是连贯的，就形成了"动作匹配"。大多数情况下，都是对"一个动作"，以不同景别或者角度拍摄的画面进行匹配。但也有少数情况，可以通过不同空间，不同人物做出的"连续动作"实现空间或者时间的转换。图 6-18 所示的第一个画面，是人与狗在跳舞，而第二个画面则通过匹配类似的动作，转换到马戏团的跳舞场景。

图 6-18

6.3.8　想法匹配

所谓"想法匹配"，其实就是将多个引导观众产生类似想法的画面衔接在一起。例如看到时钟停摆就想到死亡；看到绿芽萌发就想到新生；看到海浪猛烈的击打在岩石上就会想到激烈的冲突或者碰撞，等等。因为能够产生类似想法的景象可以有很大的跨度，所以非常适合将两个场景上具有较大差异的画面相连接。图 6-19 所示第一个画面是两个孩子玩枪，第二个画面剪切至另一个孩子嬉戏的画面，就是抓住了观众在思考上的惯性。

图 6-19

6.4 在恰当的时刻进行画面交替

在剪辑过程中，知道什么样的画面可以流畅地衔接在一起还不够，还要了解什么样的时间点适合衔接画面，才能够让视频"一气呵成"。

6.4.1 人物表情突变的时间点

观众对于人物表情的信息获取是很快的，尤其是人物的表情产生明显变化时，很容易被观众注意到。而就在注意到这个表情的瞬间，就是一个好的剪切点。当接下来的画面显示出为何会产生这种表情的原因时，就会非常自然。如图 6-20 所示，人物的表情突然出现了变化，并焦急地看向一边，紧接着给出他狂奔出门追客车的情景，从而解释了他表情突变的原因。

图 6-20

6.4.2 人物动作转折点

无论是全身动作还是肢体动作，当一个动作刚开始出现时，都可以作为一个剪切点。配合其他景别或者不同拍摄角度的画面，就可以将一整个动作完整地表现出来，同时还让画面更丰富。图 6-21 所示的"点火"动作其实分成了多个画面，这里展示其中两个。整个动作是连贯的，但却分成不同景别和不同角度来表现。

图 6-21

6.4.3 动作和表情结合的转折点

画面中人物的表情和动作往往是同时进行的，但表情一定会先于动作出现。那么在做剪辑时，如果人物表情变化后紧接着开始某种行动，就可以等动作刚开始出现时再接之后的画面，而不是在出现表情后。图 6-22 所示的人露出愤怒的表情，并随后殴打另外一人，这时第一个画面就是"刚要动手"的画面，紧接着第二个画面表现"殴打"的动作，但调整了取景范围和景别，画面就生动起来了。

图 6-22

6.5 用剪辑"控制"时间

一部电影可能只有 2 个小时的时间，却可以讲述真实时间 1 天、1 个月，或者几年间发生的故事。同样，一些本来转瞬即逝的画面，也有可能通过几秒甚至十几秒的时间来表现。所以，通过剪辑来"控制"时间，在视频创作中是很常见的。

6.5.1 时间压缩剪辑

通过缩短片段时长、使用叠化转场（见第 8 章"技术性转场"内容）等方法，让多个同一空间，但不同时间的画面依次出现，从而表现出时间的流逝感，就被称为"时间压缩"剪辑。图 6-23 所示的连续 3 个人物奔跑的画面，环境是统一的，动作是连续的，但人物的着装、状态却随着时间的推移在不断发生变化，就将可能需要较长时间才会发生的"蜕变"，压缩在了短短几秒之内。

图 6-23

　　除此之外，还有一种"快闪剪辑"，属于"时间压缩"的另一种形式。"时间压缩剪辑"方法，通常用于压缩较长的时间范围，而"快闪剪辑"则用于压缩本身就很短暂的瞬间。剔除任何无用的画面，只保留关键"动作"，就是快闪剪辑的核心思路，通常会用于打斗画面的剪辑，用以进一步营造急促、紧张、激烈的氛围。图 6-24 所示第一个画面表现女人吃惊的表情，第 2 个画面就直接是人物飞踹过来，没有任何拖泥带水。

图 6-24

6.5.2　时间扩展剪辑

　　通过延长片段时长，放缓画面交替的节奏，或者反复。多角度表现同一动作等，给观众一种时间被延长的视觉感受，就属于"时间扩展剪辑"。如图 6-25 所示的画面，为了表现出拿筷子吃饭的艰难，一个镜头持续了近 15 秒的时间，是典型的通过放缓画面交替节奏实现时间扩展的案例。

图 6-25

　　需要注意的是，当通过多角度表现同一动作时，如果该动作在画面中是连贯的，为了让"时间扩展"更明显，往往需要结合"慢动作"进行呈现。

6.5.3　时间停滞剪辑

　　"时间停滞"剪辑也可以被理解为"时间扩展剪辑"的另一种形式。往往以在充满紧张感的画面中，突然出现一个相对平静的画面来实现"时间停滞"的效果。所以，"时间停滞"剪辑并不是真的加入一个静止的画面，而仅仅是让快节奏的画面突然有一个缓冲，让观众悬着的心放下来一些，从而为之后的高潮做铺垫。图 6-26 所示的战斗场景，明明节奏很快，但突然插入了相对平稳的，指挥官与副官说话，并看了眼怀表的场景，给了观众缓冲心情的机会，但又预示着接下来会有更激烈的画面。

图 6-26

6.6　通过画面播放速度影响"时间"

调整画面的"播放速度"也是剪辑的一部分。利用定格、慢动作、快动作、倒放这 4 种播放效果，可以让画面对时间的表现更灵活。

6.6.1　定格

顾名思义，定格画面其实就是静止画面。静止画面可以让一种氛围或者情绪保持一小段时间不会改变，往往用来塑造情绪异常强烈的时刻，例如夺冠的胜利时刻或者爱人离世的痛苦时刻等。图 6-27 所示就是通过"定格"来突出坏人被打倒在地的场景。

图 6-27

6.6.2　慢动作

速度正常的画面被减速播放，则属于"慢动作"。慢动作效果常常用在体育视频或者激烈的打斗画面中，从而突出表现某个瞬间，让观众可以看到更多精彩的细节。图 6-28 所示的场景中，就是通过慢动作来表现老者的腾空动作。

图 6-28

6.6.3　快动作

　　速度正常的画面被加速播放，则属于"快动作"。快动作效果的应用相比慢动作要少很多，通常用于表现人物记忆恢复，或者戏剧效果等。有时也会为了压缩时间，而采用快动作效果。图 6-29 所示的场景中，为了表现出人物在时间紧迫的情况下"背答案"所导致的大脑超负荷运转，所以将不断晃动镜头拍摄的素材进行了加速处理，形成快动作，将"大脑快速运转"形象化。

图 6-29

6.6.4　倒放

　　"倒放"，顾名思义就是反向播放的画面，通常用来表现时间倒退的效果。在一些需要还原事物本来面貌的画面中会经常使用到。图 6-30 所示的是当男子轻吻女子脸上的伤疤时，他所回忆的画面是以"倒退"的方式表现的，直至该女子的脸上还没有疤痕的时间点。

图 6-30

> **提示**
>
> 　　定格、慢动作、快动作和倒放效果均可以通过剪映实现。具体方法参见第3章和第4章内容。

6.7 并不深奥的蒙太奇

"蒙太奇"源自法语词汇"to mount"，指插入一系列影像片段来传递或归纳事实、情感或思想。蒙太奇几乎广泛存在于所有的影视剧中，其本身其实并不难理解，也没有多深奥。

6.7.1 认识蒙太奇

"蒙太奇"其实是一种"结构"。将"时间、场景、内容"有任意一点不同的两个镜头剪辑到一起，都可以称作蒙太奇。所以在学习剪辑的过程中，其实很少会提到"蒙太奇"，因为其太普遍了。

而"蒙太奇"这种结构的奇妙之处在于，通过不同的组合，可以让相同的画面讲述不同的故事。例如三个画面，第一个画面是群山，第二个画面是庙，第三个画面是和尚，讲述的故事就是"山里有个庙，庙里有个和尚"。但如果把顺序颠倒一下，变成第一个画面是和尚，第二个画面是庙，第三个画面是群山，其讲述的故事就成了"一个人选择出家当和尚，归隐山林"。

前者更适合做故事的开头，后者则适合做故事的结尾。素材相同，只不过颠倒下顺序，表达就会出现较大的不同。

也正因如此，蒙太奇的变化是无穷无尽的，没有定式。但有一些常用的"组合画面"的方式，可以让用户熟悉通过"剪辑"，通过"蒙太奇"来让故事更精彩。

6.7.2 平行蒙太奇

将两个或更多看似毫无交集的人们的画面连续出现在画面中，从而让观众意识到他们在后面的故事中肯定会有交集，并因此期待是什么会将他们联系在一起，这就是"平行蒙太奇"。

这种剪辑结构通常会用在视频的开头，既是对视频中的多个人物进行"亮相"，也勾起了观众的好奇心。图 6-31 和图 6-32 所示的照片分别出现了三个看似毫不相关的人，但其势必会因为某些原因而产生交集。

图 6-31

图 6-32

6.7.3　交叉蒙太奇

　　"平行蒙太奇"中，人物暂时是没有交集的。但是在"交叉蒙太奇"中，人物不但会直接产生交集，还有可能产生冲突、对抗等。

　　因此，"交叉蒙太奇"这种结构通常会出现在影视剧的高潮阶段，可以强化冲突的表现。例如三个连续出现的画面，其中的人物已经在剧情中有了明确的联系。图 6-33 所示的女人即将死亡，图 6-34 右图中的男孩儿正是她的儿子。男孩儿正在看的剧，又是图 6-33 中男人作品的首演。通过不同画面表现出的复杂关系，将这部电影推向高潮。

图 6-33

图 6-34

6.7.4　重叠蒙太奇

　　"重叠蒙太奇"是"交叉蒙太奇"的变形。多个画面同样是有联系的，但画面内容会有一定的"雷同"，以此强化内容表现力。图 6-35 所示警探开枪的"重叠"画面让枪战更精彩。

图 6-35

第二部分

第 7 章

西瓜视频的创作
理论与实践

7.1 西瓜视频的两个创作平台

可以在手机端的西瓜视频 App 上直接上传视频，也可以在 PC 端西瓜视频创作平台上传视频，因此，西瓜视频有两个创作平台。

两个创作平台大部分功能是一样的，操作方法也大同小异。如果经常创作的是手机拍摄的旅游风光中视频，可以以手机创作平台为主，其他类中视频应该以 PC 端创作平台为主，如图 7-1 所示。

图 7-1

7.2 掌握手机端西瓜视频创作平台基本操作

7.2.1 手机端西瓜视频创作平台基本用法

下载西瓜视频 App 后，点击下方中间的 + 号图标，即可进入视频创作界面。

手机端创作界面的优点是操作简单、使用方便，比较适合于使用手机拍摄 Vlog 视频的创作者，完成拍摄后通过手机简单剪辑一下，即可上传。

使用手机端上传视频后，会首先进入图 7-2 所示的视频剪辑界面，此界面类似于一个简易版的剪映，提供了剪映的主要视频剪辑功能，需要有一定的剪映使用经验。

图 7-2

完成剪辑并上传视频后，如果视频是竖版或不足一分钟，则在界面的上方有明显的文字，提示创作者该视频无法得到收益，如图 7-3 所示。

图 7-3

7.2.2　在手机端西瓜视频创作平台制作视频封面

无论在哪一个平台上传视频，封面都值得创作者格外重视，没有多少观众愿意点开一个封面图片及文字非常糟糕的视频，好在西瓜视频平台提供了较完善的封面制作功能。

下面讲解在手机端西瓜视频创作平台制作视频封面的基本方法。

（1）在"发布视频"页面的视频下方点击"修改封面"按钮。

（2）在"选择封面"页面的下方左右滑动选择一张封面图像，或点击右下方"相册导入"标签，从相册中选择一张图片。由于封面需要添加文字，因此建议选择的封面图片，最好有较大面积的空白区域，如图 7-4 所示。

图 7-4

（3）选择封面图片后，点击右上角"去制作"按钮，然后在"制作页面"下方选择封面样式。图 7-5 所示为两种不同的封面样式。

（4）确定封面基本样式后，需要点击视频封面上的文字，并在页面中间文字输入框中输入新文字，替换文字内容。并在页面的下方通过分别点击"字体""样式""花字""气泡"标签来修改文字的格式，图 7-6 所示为两种不同效果。

图 7-5

图 7-6

（5）如果需要放大文字，可以拖动文字旁边的 图标。如果要复制文字，可以点击文字旁边的 图标。如果要删除文字，可以点击 图标，如果要旋转文字，可以双指点按文字旋转，如图 7-7 所示。

（6）完成操作后，点击右上角的"完成"按钮。

图 7-7

7.2.3　在手机端西瓜视频创作平台添加互动贴纸

通过为视频添加互动贴纸，能够使观众在观看视频时更有趣味，而且当观众与视频发生频繁互动时，平台也会认为视频质量较高，从而给予更高的推荐，使创作者获得更多收益，因此强烈建议创作者为视频添加互动贴纸。

下面讲解在手机端西瓜视频创作平台为视频添加互动贴纸的基本方法。

（1）在"发布视频"的页面，点击"互动贴纸"按钮，进入"互动贴纸"页面。在此可以添加 4 张贴纸，建议至少添加前三种贴纸，最后一种"投票引导"贴纸可以根据视频内容决定是否添加，如图 7-8 所示。

（2）点击"关注引导"贴纸，可以进入"选择关注引导出现时间"页面，如图 7-9 所示，建议在此选择"智能添加"选项。添加贴纸后，当观众观看视频时，可以在右下角看到一个"关注"按钮，点击此按钮，则可以关注创作者的账号。

图 7-8

图 7-9

（3）点击"点赞引导"贴纸，可以进入"选择点赞引导出现时间"页面，如图 7-10 所示。添加"点赞引导"贴纸后，当观众观看视频时，可以在右下角看到一个"点赞"按钮，点击此按钮，则可以为此视频点赞。

（4）"弹幕引导"贴纸可以方便那些不知道如何发弹幕或不知道发些什么弹幕内容的观众，在观看视频时通过点击"弹幕引导"贴纸发送弹幕。点击"弹幕引导"贴纸，可以进入"选择弹幕引导出现时间"页面，如图 7-11 所示。

图 7-10   图 7-11

（5）点击"自定义"按钮，然后输入弹幕引导内容，如图 7-12 所示，然后点击右上角的对钩图标。

（6）在视频编辑界面调整预设弹幕的位置与比例，也可以在此界面通过向前或向后，拖动下方的贴纸轨道，以改变贴纸出现的时间，如图 7-13 所示。

（7）完成后，则在视频播放到对应时间时出现弹幕提示，如图 7-14 所示。

图 7-12   图 7-13   图 7-14

7.2.4 在手机端西瓜视频创作平台参加活动

由西瓜视频独家或西瓜视频联合剪映、抖音等平台发起的主题征稿活动，参加此活动的好处在于，如果视频足够优秀，可以获得官方奖励。

在发布视频时，可以通过点击"活动"标签，进入"活动"界面，如图 7-15 所示，在此界面中可以找到当前正在进行中的数十项征稿活动。

图 7-15

只需要根据自己视频的内容，找到适合的活动，然后点击活动名称，即可参加。此时，可以在创作界面中看到已经参加的活动的名称。

由于每一个活动均有明确的征稿日期范围、活动奖励及内容限定，因此在参加活动之前，一定要点击活动页，详细查看其详情介绍。

例如，以"打开眼界"活动为例，活动的时间是 2022 年 8 月 17 号~ 2022 年 9 月 17 号，在形式上可以发图文，也可以发中视频，还可以通过发微头条来参加此活动，这意味着创作者可以以三种不同的形式分别参加同一活动，如图 7-16 所示。

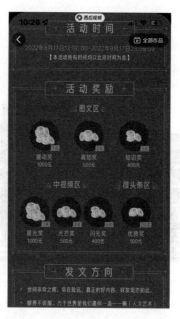

图 7-16

为了了解自己的作品是否有希望获得奖励，可以点击右上角的"全部作品"按钮查看已经投稿的视频作品，如图 7-17 所示，以评估自己作品的水准，同时参考学习其他优秀作品。

图 7-17

7.2.5　在手机端西瓜视频创作平台开直播

实际上，自 2022 年 05 月 18 号开始，西瓜视频就不再存在独立的直播版块，直播业务与抖音及头条进行了合并，所有直播服务由抖音提供，这意味着西瓜视频创作达人开直播时，将会在西瓜、抖音、头条上同步呈现，对于创作者来说是一个好消息，因为流量来源更广泛了。

要在手机端西瓜视频创作平台开直播，只需要在"我的创作"标签下面点击"主播中心"图标，如图 7-18 所示。然后在"主播中心"界面右上角点击"去开播"按钮即可，如图 7-19 所示。

图 7-18

图 7-19

7.2.6　手机端西瓜视频创作平台特色功能

虽然手机端西瓜视频的创作界面比较简单，但却提供了 3 项比较有趣的特色功能，如一键修复模糊老照片、一键提升视频流畅度、一键提升视频清晰度。

点击西瓜视频 App 下方中间的 + 号图标，进入视频创作界面。然后点击"工具箱"图标，即可找到这三个功能，如图 **7-20** 所示。

除了"一键修复模糊老照片"功能主要用于处理照片外，其他两项均可以帮助视频创作者改善视频的质量。

例如，有些创作者可能手中有一些质量不高的视频，内容不错但画面模糊，无论这些视频是由于拍摄器材条件限制导致的画面模糊，还是由于拍摄技术不成熟导致的画面模糊，均可以利用"一键提升视频清晰度"功能进行改善。

7.2.7 手机端西瓜视频创作平台收益数据等其他功能

在手机端西瓜视频创作平台点击"我的创作"标签，则可以进入"创作中心"界面，在此界面上可以分别点击不同的图标，完成查看收益、管理内容、查看评论、查看数据、联系客服等操作，如图 **7-21** 所示。

例如，点击"创作排行"图标，可以查看不同领域优秀视频创作者的排行，以找到对标账号，如图 **7-22** 所示。

图 7-20

图 7-21

图 7-22

7.3 掌握 PC 端西瓜视频创作平台基本操作

7.3.1 PC端西瓜视频创作平台基本用法

打开西瓜视频的网址，即可进入 PC 端西瓜视频创作平台，如图 **7-23** 所示。与手机端西瓜视频创作平台相比，PC 端创作平台功能更丰富、完善，建议创作者基于计算机平台进行视频创作。

图 7-23

在此平台上，创作者不仅可以发布视频、管理既往视频作品、查看视频数据，还可以在线剪辑视频、查看官方消息、查看创作权益。

7.3.2 在PC端西瓜视频创作平台为视频添加章节

在 PC 端西瓜视频创作平台发布视频的操作流程与在手机端发布视频类似，同样可以完成制作封面、设置标题与话题、参加活动、添加贴纸、定时发布等操作。

不同之处在于，PC端创作平台还有添加章节、添加字幕、添加合集等特有功能。其中，比较实用的是添加章节功能。

以往，观众观看一个时长达到十几分钟的中视频时，为了能够快速在视频中找到感兴趣的内容，往往需要来回拖动播放进度条，以进行精确定位。

这样的观看体验，实际上并不友好，因此，许多创作者开始在视频下方加入章节划分指示条，但这样的操作除了给创作者增加了工作量，还对创作者的创作水准有一定要求。

针对这一痛点，西瓜视频提供了"添加章节"功能，创作者在发布中、长视频时，可以按时间划分视频内容并将各个部分添加为章节，如图 7-24 所示。

图 7-24

观众在观看视频时，可以通过拖动下方的进度条，快速定位到不同的内容章节。

下面讲解具体操作步骤。

（1）上传视频后，点击页面中间的"更多选项"按钮，以显示"添加章节"功能，如图 7-25 所示。

（2）在"设置视频章节"对话框中，分别添加章节并设置每个章节开始的时间，如图 7-26 所示。

（3）完成上述操作后，点击右下角的"确定"按钮，然后发布视频即可。

图 7-25

图 7-26

7.3.3　发布视频时是否同步抖音

大多数创作者均采用的是一次创作多平台分发的策略，因此在西瓜视频平台发布视频时可以考虑是否要同步到抖音平台。

此操作比较简单，在手机端西瓜创作平台开启"同步至抖音"选项，在 PC 端西瓜创作平台中选择"设置抖音"下拉列表选项中的"同步至抖音"选项，即可完成使视频在西瓜平台发布后，被同步至抖音平台，如图 7-27 所示。

图 7-27

但如果有以下两种情况，则应该取消选择"同步至抖音"选项。

西瓜平台与抖音平台定位不同，由于抖音平台更重视短视频，因此从西瓜平台同步过来的视频未必能够获得较好的推荐流量，因此，如果创作者在西瓜平台主要发布中视频，而在抖音平台主要发布短视频，则没必要选择同步，可以将中视频进行二次剪辑，创作成内容相对完整的若干个短视频，单独发布在抖音平台上，效果反而会更好。

西瓜平台与抖音平台发布节奏不同，如果创作者在西瓜视频平台的发布节奏是一天或几天一篇，而在抖音平台上发布的节奏是一天几篇，则也没必要同步，因为这种同步操作只会打乱发布节奏。

另外，即便要将视频同步到抖音平台上，也一定要单独设置封面，因为西瓜视频的封面高宽比是 9：16，但抖音单条视频封面高宽比是 4：3，实际封面尺寸为 1080×1464。如果直接把西瓜封面用到抖音平台上，就有可能出现主要信息显示不完整的情况，如图 7-28 所示。

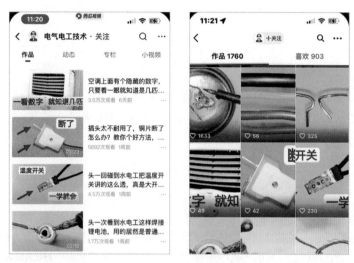

图 7-28

7.4 掌握西瓜视频中的 7 种变现方式

7.4.1 流量分成

流量分成是每一个中视频创作者都有的基本变现方式，目前搞笑类、影视解说类、Vlog 类等多种中视频主要依靠这种方式变现。

要获得流量分成，需要加入中视频伙伴计划，关于中视频伙伴计划的详细讲解，请参见后面的章节。

7.4.2 橱窗变现

开通橱窗后，可以通过各种方式引流，销售橱窗中的商品，图 7-29 所示为创作者经营的一个账号的橱窗销售数据。

图 7-29

7.4.3 视频带货

大部分视频平台都有发视频带商品卡的功能，只要中视频创作者在发视频时挂载了与自己视频内容匹配的商品卡，就可以在用户购买商品后获得佣金收入。

7.4.4 直播变现

只要粉丝量足够多，无论是哪一类中视频创作者，就都具备了直播带货的潜力。例如，陈翔六点半团队曾经以拍摄搞笑短视频为主，但从 2021 年底开始，逐渐加大了直播的力度，并获得了相当不错的收益。

7.4.5 内容付费

中视频创作者具有一定创作经验后，就可以将这些经验转化成为课程，通过开设知识付费专栏的形式获得收益，如图 7-30 所示。

7.4.6 广告商单

无论是在哪一个视频平台，只要中视频创作者的粉丝量足够多，视频播放量足够高，就自然会有商家找到创作者寻找在视频中植入其商业产品的合作机会，这就是广告商单。

图 7-30

7.4.7 视频赞赏

开通视频赞赏功能后，观众可对创作者发布的视频进行一定金额的赞赏，所得收益全部归创作者所有。

粉丝量达到 1000，即可点击开通"视频赞赏"功能，信用分低于 60 分，权益会被冻结。

7.5 开通商品卡实现中视频变现

商品卡是一项字节平台给予创作者的变现权益，只有开通了商品卡才可以实现前面提到的在西瓜视频商品橱窗、中视频及直播间插入商品卡进行带货，实现电商变现。

开通商品卡的条件是已经实名认证的创作者，在头条与西瓜视频上的粉丝量合计 > 1 万，而且账号内容质量优质。

达到以上条件后，在 PC 端西瓜视频创作平台点击"创作权益"按钮，然后在"万粉权益"处点击"商品卡"按钮即可，由于此账号已经开通了相关功能，因此显示为"已开通"，如图 7-31 所示。

图 7-31

7.6 中视频伙伴计划

7.6.1 什么是中视频伙伴计划

中视频伙伴计划是由西瓜视频发起，联合抖音、今日头条共同举办的中视频创作者激励项目。成功加入中视频伙伴计划的创作者，通过在抖音、西瓜视频、剪映平台发布时长 ≥ 1 分钟的原创视频内容，可享受西瓜视频、抖音、今日头条的流量分成、商单等多元创作收益、三端流量扶持等政策。

针对中视频伙伴计划，字节跳动集团拿出了十足的诚意，从以下多个方面来切实帮助创作者。

1. 助力创作

提供大量免费资源，包括 120 万 + 视频素材、1400+ 字体、500 万 + 音频素材，这些素材均可以在剪映中调用并免费使用，如图 7-32 所示。

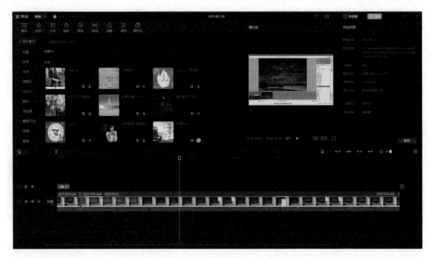

图 7-32

2. 快捷发布与管理

可以一键将中视频发布至抖音、西瓜视频、今日头条三大平台上，而且中视频有专门的审核队列，审核速度更快。

为了便于创作者管理中视频，无论视频是发布到一个平台，还是同时发布到抖音、西瓜视频、今日头条三大平台，均可以使用统一的管理后台。

3. 轻松收益

由于中视频仍然属于扶持期，因此对于参加中视频伙伴计划的中视频，在流量上有所倾斜。换言之，相同内容的短视频与中视频同时发布，中视频会获得更多的分发流量。

正因为扶持力度空前，因此根据字节跳动在 2022 年 2 月发布的中视频发展报告统计数据中，已经有超过 50 万创作者加入了中视频伙伴计划。

所创作的视频内容覆盖了超过 50 个细分领域，包括生活方式、时尚、生活、亲子、家居、动物、三农、萌宠、生活日常、Vlog、美食、非遗文化、泛生活、手作、模型、母婴、舞蹈、历史、人文、游戏、音乐、广场舞、金融、泛知识、泛兴趣、传统文化、汽车、职场、体育、军事、数码、漫画、旅游、艺术、教育、情感、健康、钓鱼、棋牌、搞笑健身、科技美妆等，如图 7-33 所示。

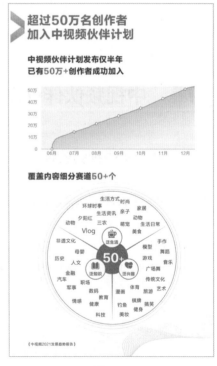

图 7-33

7.6.2 如何加入中视频伙伴计划

通过点击 https://studio.ixigua.com/mvp 计划介绍页面的"立即加入"

按钮，并完成西瓜视频账号和抖音账号的绑定，即可申请加入中视频伙伴计划，如图 7-34 所示。

申请加入中视频伙伴计划后，需要完成以下申请任务，然后平台将对视频内容质量进行审核。

图 7-34

（1）通过西瓜创作平台、西瓜视频 App、抖音 App、抖音中西瓜视频小程序、剪映中西瓜视频发布过 ≥ 3 篇公开可见的、原创且时长 > 1 分钟的横屏视频。

（2）通过以上平台发布的 3 篇视频在西瓜视频、抖音、今日头条三大平台的总播放量达到 17000。

完成申请任务时，平台将自动进入提交视频内容质量审核步骤。

平台官方工作人员将根据账号发布的视频是否符合原创标准以及内容质量规则等要求，来确定创作者是否可以加入本计划。

审核结果将通过后台消息通知公布。

通过以上所述可以分析出，是否能加入中视频伙伴计划的核心其实是原创度与视频质量，因为，无论是横画幅还是 1 分钟，又或者是 3 篇，其实都是比较低的门槛。

另外，还需要注意一点是，申请加入计划的账号的历史视频也是审核的一部分，如果审核人员查看账号发现历史视频均是无意义随拍或基于一定素材简易加工，创作程度较低的视频，也无法加入中视频伙伴计划。

所以，创作者不妨将低质量历史视频隐藏起来，以提高审核通过率。

7.6.3 如何提高中视频伙伴计划收益

绝大多数创作者加入中视频伙伴计划后，获得收益的来源都是流量分成，即平台按播放量给予创作者的奖励，创作者要想获得更高的收益，要把握以下两点。

1. 将视频发布在西瓜与抖音上

同样的视频，在中视频伙伴计划中是按平台分别计费的，这一点从图 7-35 所示的平台截图可以看出来。

因此，建议创作者将同样的视频，分别处理成为适合于西瓜与抖音平台的时间长度，并分别设置不同的封面，上传到两个平台上。

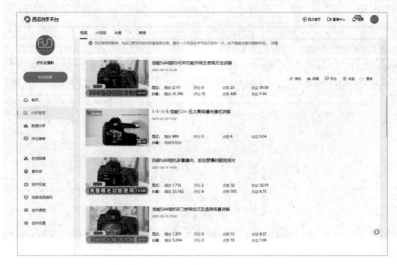

图 7-35

2. 独家合作

独家合作即创作者创作的视频，仅发布在西瓜视频平台上，这样可获得翻倍收益，视频总收益可再提升 100% ~ 250%。

经官方评估符合独家条件并签署相关协议的作者，在发布页面勾选"独家发布"复选框即可，如图 7-36 所示。

独家视频发布 30 天内，产生的独家收益将被冻结在账户中（在账户中体现为待入账状态），视频发布 30 天后，历史冻结的全部收益将直接入账，创作者可提现。

另外，并不是加入了独家计划后，创作者所有的视频均需要选择独家，创作者可根据自己的实际情况，决定视频是否要承诺独家发布。如果视频没有勾选"独家发布"复选框，也可以在其他平台进行发布，不会对视频和账号造成任何影响。

图 7-36

7.6.4　中视频伙伴计划收益如何计算

中视频伙伴视频收益是基于获利播放量，再根据其产生的广告价值、总消费时长、粉丝播放、内容质量、原创性等综合因素计算的。

这个计划公式并不是透明、恒定的，因此，创作者无法横向上与其他同类创作者比较，也无法在纵向上与自己既往的视频进行比较。

在这个计算公式中，涉及一个许多创作者都未曾接触到的获利播放量的概念，下面进行详细讲解。

获利播放量是指平台认为有可能为自己带来价值的播放次数。所以，获利播放量是总的视频播放次数，减去重复点击播放次数、播放时长没有达到 10 秒的播放次数、竖屏播放以及 PC 端播放等无效播放后剩余的视频播放量。

也正是由于有获利播放量存在的原因，创作者不能以自己在管理后台看到的累积播放数据来估算播放收成。

7.6.5　了解中视频伙伴计划账号质量管控

由于加入中视频伙伴计划后，创作者的视频将获得更高推荐，因此视频平台为了防止创作者产生低质量视频，自动将所有中视频伙伴账号加入了创作者计划，并受到信用分管控。

所有账号默认信用分为 100 分，如图 7-37 所示，当因为各种原因违规时，就会扣除一定的信用分，当信用分低于 60 分时，则此账号的创作收益权限将自动关闭，可以简单理解为被平台移出了中视频伙伴计划。

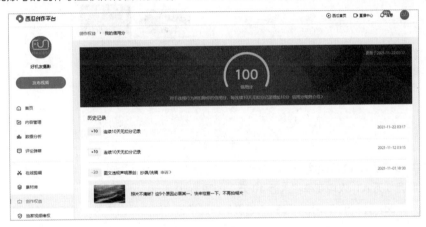

图 7-37

所以，对于新手创作者来说，一定要养成定期查看"创作权益"信用分及"消息中心"中"系统通知"的习惯，如图 7-38 所示。

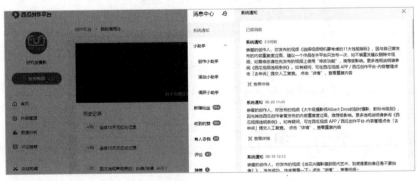

图 7-38

因为，所有文字与视频均由机器审核，难免有误判的情况，因此当被扣信用分时，可以及时申诉，挽回损失。

7.7 中视频伙伴计划变现概况

虽然，各大视频平台均针对中视频有扶持计划，但有数据可查的仍然只有字节跳动的中视频伙伴计划。因此，下面所列出的变现数据均只针对字节跳动旗下的抖音、西瓜视频、今日头条三大平台。

根据字节跳动在 2022 年 2 月发布的中视频发展报告统计数据显示，截至 2022 年 2 月已经有 50 万创作者加入了中视频伙伴计划，其中超 4000 人由于参加了中视频伙伴计划获得了超过 50 万的年收入，月入过万的有 13000 多人，如图 7-39 所示。

图 7-39

约 937 人仅靠广告商植入式视频可年入百万。

获得商单的人数近 3 万人，人均商单收入近 10 万，如图 7-40 所示。

除了直接收益外，加入计划的许多创作者粉丝也得到快速增长，这当然也使创作者距离变现更进了一步。

 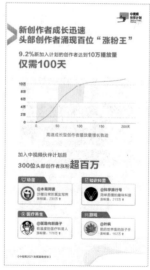

图 7-40

7.8 西瓜视频创作自学方法

众所周知，移动互联网的变化非常快，所以，即便编者在书中讲述的知识均为撰写图书时最新与最前沿的，但经过编辑、加工、流通等环节，这本书到达读者手中时，可能部分内容已经过时了。

因此，每一个希望在包括 B 站在内的各移动互联网视频平台深耕的创作者，都必须要有紧跟互联网发展技术的意识，并掌握具体方法。

推荐使用的方法之一就是，周期性关注各移动互联网视频平台创作学院。

对于西瓜视频创作者来说，想要与平台同步发展更新，建议一定要关注以下两个网站。

7.8.1 西瓜创作百科

"西瓜创作百科"是由西瓜官方推出的以图文讲解说明形式为主的西瓜创作规则讲解网站，网址为 https://doc.toutiao.com/。

在这个网站中可以看到关于视频推荐、审核、原创权益、创作收益、创作功能、推荐机制等各种内容的讲解，只要按分类查找，或在网站最上方搜索关键词，无论是视频创作小白还是创作高手，均可以找到大部分问题的答案，如图 7-41 所示。

但同时需要指出的是，由于各种原因，网站上的部分内容也有更新不及时的情况。

例如，在常见问题有一个"万元月薪"的条目，这个活动实际上早已经下线了，但相关介绍还没有更新，如图 7-42 所示。

在手机端西瓜视频创作平台点击"我的创作"标签，进入"创作中心"界面，再点击"创作百科"标签也可以进入"西瓜创作百科"。

图 7-41

图 7-42

7.8.2　西瓜创作研究中心

"西瓜创作研究中心"是由西瓜官方筛选出来的以视频讲解形式为主的西瓜视频创作方法教学集锦网站，网址为 https://daxue.ixigua.com/。

在这个网站中可以看到若干个西瓜视频创作分类，包括账号运营、选题策划、拍摄技巧、剪辑方法等。

每一个分类里面，都有数量不等的各创作达人就某一个创作问题的讲解视频，如图 7-43 ~ 图 7-45 所示。

由于此网站中的教学视频出自不同的创作达人，因此质量及讲解方式也略有区别，此外早期的视频也有跟不上当前平台技术的问题。

此外，还必须要指出的是，由于所有内容均基于视频，因此无法通过搜索的形式，精准找到问题答案，而且，网站的内容仍在积累发展中，知识结构的体系性及完整性还有待改进。所以，"西瓜创作研究中心"更适合在学习时查缺补漏。

在手机端西瓜视频创作平台点击"我的创作"标签，进入"创作中心"界面，再点击"创作课程"标签也可以进入"西瓜创作研究中心"。

图 7-43

图 7-44

图 7-45

第 8 章

B 站的视频创作
理论与实践

8.1 重新认识 B 站

8.1.1 B站不专属于年轻人

在大众的印象中，以二次元为突破口的 B 站无论是创作者还是观众，都应该非常年轻。但实际上，2018 年 B 站在美国成功上市后，就开始实行增长战略，以破除外界对 B 站年轻化的这一固有想法。

正如 B 站 CEO 陈睿所说，"小国寡民是开心，但你是世外桃源也会被坚船利炮干掉"。上市后的 B 站开启一路蒙眼狂奔模式，换来了亿级别的用户增长，并成为了国内第三大视频平台。

在这个过程中，B 站的创作者年龄开始不断增长，最年长的创作者已有近 85 岁高龄。如图 8-1 和图 8-2 所示的两位 B 站创作者，一个 87 岁，另一个也有 71 岁。目前年龄最大的 B 站创作者是 92 岁的"敏慈不老"。

正是由于创作者的年龄层次不断丰富，使 B 站的内容也越来越多样化，而多样化的内容又反过来催使年龄层次分布更丰富的观众打开 B 站，正是在这种正向反馈的过程中，B 站的观众与创作者都逐渐丰富了起来，不再专属于年轻人。

图 8-1

图 8-2

8.1.2 B站不是娱乐至上

央视网曾经发表了一篇名为《知道吗？这届年轻人爱上 B 站搞学习》的新闻，公开表示"没那么二次元的 B 站，正成为年轻人学习的首要阵地"，并称 B 站是"Z 世代的新式社交型学习平台"。也确如央视网所述，B 站统计数据显示，在一年的时间里有 1.83 亿用户在 B 站学习，是中国在校大学生数量的近 4.5 倍。

B 站之所以成为当前年轻人学习的第一阵地，与学习内容的 4 大特点密不可分。

1. 学习内容覆盖面广泛

学习内容从各学科课程，诸如经济学、物理学、设计、会计学，到专业技术，诸如 AE、动画、AI、模型等内容均有所覆盖，如图 8-3 所示。

图 8-3

2. 学习内容质量高

有些课程来源于北大、清华、复旦、同济等国内知名大学以及国外的耶鲁大学、麻省理工学院、斯坦福大学、牛津大学等高等院校，质量相当高。

3. 学习内容全免费

观看学习这些课程时，全程不必看 1 秒广告。

4. 学习过程轻松愉快

正所谓"无弹幕，不 B 站"，弹幕是区别 B 站跟其他在线视频播放网站的一个重要标志。

无论学习类视频是严肃的学科知识，还是随机采访，在 B 站学习的网友都能一边观看一边学习，通过发弹幕将视频变成心得总结秀场。

而其他学习同一视频的网友，可通过观看弹幕与发弹幕的网友进行超时空交流，从而产生陪伴感，并有继续学习的动力，如图 8-4 所示。

图 8-4

8.1.3 B站不是月光族聚集地

B 站的主要用户是"Z 世代"的人群，也就是 1990—2009 年出生的一代人，这一批用户占到 B 站总用户数量的 82%。

这一批用户的身份大多数是大学生与中学生，是生长在互联网下的一代人，大多数聚集在一、二线城市，并且有较强的付费意愿。

"Z 世代"没有经历过缺衣少食的年代，对自己的未来充满信心，因此有更大的消费冲动，不论在消费的渠道、形式还是态度上，"Z 世代"都呈现出新的趋势和潮流，给商家、市场提供了前所未有的机遇。

因此，面向年轻人群体的品牌，通常会将 B 站当成重要的宣传窗口。

例如，在汽车及时尚频道，可以找到很多植入了商业品牌广告的视频，如图 8-5 所示。

图 8-5

国内手机的领导品牌华为，不仅历次在 B 站开手机发布会直播，在 Mate 50 发布之前也通过投放广告的形式，肯定了 B 站用户的商业价值，如图 8-6 所示。

图 8-6

8.2　B 站的独特文化

8.2.1　弹幕文化

可以说 B 站以一己之力，在视频界普及了弹幕文化，这本是一项小小的技术性创新，却在很大范围内改变了人们观看视频的习惯、交流方式，甚至是视频文化形态。尤其在 B 站更流行着"无弹幕不看剧"的说法。

弹幕的即时性、互动性、观点性和娱乐性，让每一个观众都获得了很高的参与感和陪伴感，在发送弹幕时，他们不再仅是单向接收视频信息，同时也变成了视频内容的生产者和观点输出方，甚至弹幕可以决定网络视频本身的成败。

也正因如此，创作者和平台对于弹幕所表达的想法越来越重视，不少创作者开始通过不断调整视频内容、创作手法来迎合弹幕。例如，刻意在视频中留下一个个可供观众发挥弹幕才华的"槽点"，使视频获得更高的互动数据，从而让平台将视频推荐到更大的流量池，如图 8-7 和图 8-8 所示。

图 8-7

图 8-8

为了让用户更好地观看视频，B 站不仅首创了无遮挡式弹幕，如图 8-9 所示，即发送的弹幕可以自动避让视频中的人像，还提供了大量可以自定义弹幕文字的功能，可以说为弹幕"殚精竭虑"。

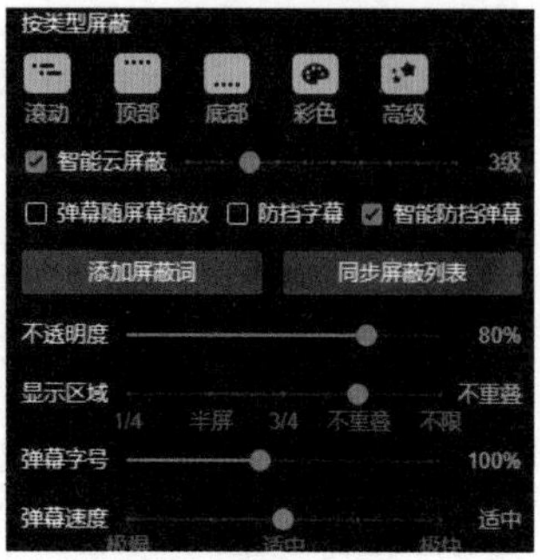

图 8-9

8.2.2 二次元文化

二次元的字面意思是二维空间，这个名词起源于日本。因为日本早期的动画、漫画、游戏等作品都是以二维图像构成的，里面的角色被又称为"纸片人"。通过这些载体创造的虚拟世界，被动漫爱好者称为"二次元世界"，简称"二次元"。

国内二次元文化主要集中在 Animation（动画）、Comics（漫画）与 Games（游戏）三个领域，因此，有时二次元文化又被简称为 ACG。

虽然，当前 B 站的内容已经极大丰富，但由于 B 站的内容早期聚焦于日本的动画与漫画，而且，在网站设计方面，仍然留有许多二次元的特征，如图 8-10 ～ 图 8-13 所示的首页顶图、投稿成功的页面及广告横幅。因此许多人至今仍然认为 B 站的主要特点就是二次元。

此外，B 站目前仍然有大量喜欢二次元文化的用户，在评论中仍然能够看到许多二次元专属名词，如宅男、腐女、岛国、剧透、弹幕、新番、鬼畜、萌萌哒等。

对于每一个希望在 B 站获得更多用户的创作者来说，了解二次元文化，显然是一个必做的功课。

图 8-10

图 8-11

图 8-12

图 8-13

8.2.3 鬼畜文化

让 B 站被更多人所了解的，除了弹幕、二次元外，鬼畜视频也是一大助力因素，如图 8-14 所示。例如，2015 年一位创作者以小米总裁雷军的英语问候句 "Are you OK"，做了一段时长 2 分 12 秒的鬼畜视频，由于视频魔性的音乐及极快的节奏，使此视频在短短几天内，获得上百万播放量，也让雷军和小米品牌获得广泛传播。截至 2022 年 3 月，这条视频播放量高达 4008.5 万，弹幕 18.4 万条，被 B 站收录进 "入站必刷视频之一"。

图 8-14

　　B 站上火爆全网的鬼畜视频还有很多，这类视频基本上都是通过剪辑影视片段，然后通过重复播放和调整，产生声音和画面同步的节奏。整体鬼畜视频没有具体含义，其能够广泛传播完全是基于视频的趣味性。

　　点击 B 站的"鬼畜"频道，不仅可以看见鬼畜视频排行榜，还能找到专门提供鬼畜绿幕视频素材及教程的区域，如图 8-15 所示。

图 8-15

　　了解鬼畜视频文化，对于创作者的意义在于，能够开拓创作思路。例如，可以借鉴鬼畜视频的剪辑手法，将视频的某一小部分制作成为鬼畜视频效果，以增加视频的趣味性。

　　另外，如果自己的视频被制作成为鬼畜视频，也不必生气，这反而是好事，因为可以通过鬼畜视频快速扩大影响。

8.3　B 站创作自学方法

　　创作者必须要与时俱进，跟平台同步更新创作、运营等相关知识。具体到 B 站，建议创作者要定期打开"bilibili 创作学院"（网址为 https://member.bilibili.com/academy/），查看由 B 站官方出品的创作指南，如图 8-16 所示。

　　从网站的内容分类上可以看到，无论是希望了解选题，还是学习视频制作，又或者是学习商业变现，均可以在此找到对应的学习板块。

　　此外，B 站还有一个专门针对新手创作

图 8-16

者的"UP 主起航计划"系列课程，讲解了投稿规则、主页搭建方法、涨粉方法等知识，网址为 https://space.bilibili.com/130061363/channel/collectiondetail?sid=518534。

虽然，"UP 主起航计划"系列课程的视频内容或讲述的知识点，在前面介绍的"bilibili创作学院"里也能找到，但"UP 主起航计划"系列课程胜在足够入门及初级，因此更适合初级创作者观看学习，如图 8-17 所示。

也可以通过在 B 站搜索"哔哩哔哩客服"，找到其发布的"UP 主起航计划"系列课程的视频，如图 8-18 所示。

图 8-17

图 8-18

8.4　B 站变现方法

最早期的 B 站创作者完全是基于兴趣制作视频，发布视频后除了收获点赞与粉丝，没有商业上的收益，因此，许多创作者戏称自己是"用爱发电"。

但随着视频平台的竞争加剧，加之 B 站成功上市，想要留住优秀创作者，显然不太可能寄希望于创作者一直"用爱发电"，因此 B 站推出了各类变现计划，使创作者能够用优秀的创作内容获得等值或超值回报。

8.4.1　充电计划变现

充电计划是 B 站推出的用户在线打赏创作者功能。打赏的方式是在创作者主页点击页面上的"为 TA 充电"按钮。

例如，打开创作者"敬汉卿"的主页，可以看到本月已经有 40 个用户为其充电，合计为其充电的用户已达到了20785 个，如图 8-19 所示。

充电所使用的电池是结算道具，一元人民币可以购买 10 个电池，充电没有最高限，用户可以通过支付宝、微信、网银等方式支付充电费用。

图 8-19

需要注意的是，用户为创作者充电支付的金额，并不等于创作者的收入，从中扣除渠道支付成本、税费以及 B 站渠道服务费后的部分，才是创作者的充电收入。

如果要将充电收入提现，可以进入 B 站的"个人中心"页面，点击"贝壳"下方的"贝壳转出"按钮，即可转出到支付宝或银行卡。

虽然，充电计划看上去是给创作者增加了一个不错的收入来源，但其效果并不理想。

以截图的"敬汉卿"主页为例，其粉丝量达到了 940 万，是 2020 年 B 站百大创作者，但本月为其充电的人数只有 40 人。

图 8-20 所示是粉丝量达到 314 万的 bilibili 2021 百大 UP 主"大碗拿铁"主页，本月为其充电的人数只有 11 人。

因此，可以看出来，如果百大创作者都不太可能依靠充电收入来维持创作支出，那么只有几万粉或几千粉的创作者可能性就更小了。

图 8-20

8.4.2　激励计划变现

B 站的激励计划，类似于西瓜视频的中视频伙伴计划，都是按播放量给创作者一定金额的现金奖励。

不同之处在于，两个平台对播放量的考核标准不太一样。B 站在考核视频时，点赞、投币、收藏的数量占有较高的权重。如果一个视频的点赞、投币、收藏的数量比较高，那么这个视频获得激励计划的收入就高，反之就低。例如一个 30 万播放量的视频，如果点赞、投币、收藏的数量都在 1000 甚至 2000，那么这个视频获得的收就有可能达到 1000 元。但如果一个 130 万的播放量的视频，点赞、投币、收藏的数量都较低，有可能只可以获得 400 ～ 700 元的收入。所以，B 站的创作者都希望粉丝能够一键三连，使视频的点赞、投币、收藏的数量比较高。而西瓜视频在考查视频时，不仅会考察视频的播放量，还会考察视频创作领域、视频创作难度、时长、视频受众的消费能力、创作者资历等多个因素。

两者的相同之处在于，视频的播放单价定价都是不透明的。

要加入"bilibili 创作激励计划"的创作者需满足以下条件。

（1）视频。创作力或影响力达到 55 分，且信用分不低于 80 分。

（2）专栏。累计阅读量超过 10 万。

（3）素材。自制音频被选入手机投稿 BGM 素材库。

需要注意的是，视频、专栏和素材的激励计划申请彼此独立，也就是某一个创作者参加计划后，如果发布了视频，则获得视频激励。发布了专栏，单篇专栏阅读量达到 1000 时开始计算专栏收益。自制素材被选入手机投稿 BGM 素材库，且其他创作者使用后，开始计算 BGM 素材收益。

创作激励计划不需要报名，系统将根据创作者的历史数据，自动将符合条件的创作者加入计划。

审核通过的创作者将收到"加入成功"的系统通知，"创作激励"页面将开始显示 UP 主相关收益数据，如图 8-21 所示。

图 8-21

如果要了解备受创作者关注的"bilibili 创作激励计划"，究竟可以为创作者带来多少收益，自己是否能够依靠这个计划覆盖创作支出，建议每一个创作者都搜索一下"UP 主收入"关键词，并认真观看搜索出来的，不同粉丝量创作者分享的收入公开视频，如图 8-22 所示。

图 8-22

8.4.3 悬赏计划变现

悬赏计划是 B 站为创作者提供的视频带货变现途径。

简单来说，就是 B 站提供商品库，创作者在商品库中选择符合自己粉丝定位的商品，并在自己创作的视频里添加这些商品的链接，观众通过视频购买此商品并确认收货后，商品供货方会付给视频创作者佣金。

要加入悬赏计划，需要有 1000 个粉丝，且在 30 天内有 1 个原创视频发布，即可加入悬赏计划。另外，计划的本质是用 B 站的视频来为淘宝或京东的商品引流，因此创作者需要有阿里巴巴及京东联盟账号，并将账号跟 B 站绑定。

另外，加入悬赏计划的视频，同时还能获得激励计划收益，即这两个计划可以同时产生收益。

可以按下面的步骤为视频挂载广告。

（1）在创作后台，选择淘宝联盟或京东联盟，如图 8-23 所示，两个联盟里的商品不同，佣金也不相同。

图 8-23

（2）选择商品后，点击下方的"视频带货"按钮，如图 8-24 所示。

（3）选择广告样式，如图 8-25 所示。

（4）确定广告封面，并撰写一句吸引人的广告标题，如图 8-26 所示。

（5）在视频库里选择需要添加广告的视频，如图 8-27 所示。

图 8-24

图 8-25

图 8-26

图 8-27

除了上面讲解的视频带货方式外，悬赏计划还包含另一种按曝光量变现的方式。即创作者选择广告挂在视频中，收益按曝光量计算。B 站参与广告收益分成，创作者可获得广告收益的 50%，一个视频可以同时挂 5 个广告。

8.4.4　花火平台变现

虽然 B 站推出了包括激励计划在内的多个变现计划，但其变现效果都一般，以拥有 420 万粉丝的头部创作者"宝剑嫂"为例，其公布的 2019 年全年激励计划收入仅七万元，这显然不足以支撑一个全职 B 站创作者的正常生活花销，如图 8-28 所示。

如果还是依靠创作者在工作之余"用爱发电"，那就存在着更新时间不稳定和内容质量不高的问题。

所以，B 站需要提供商业平台，给创作者、商业品牌牵线搭桥，实现这一目的的正是花火平台。

花火平台提供了规范的创作者与品牌主间的官方商业合作平台。基于大数据，花火可以向创作者提供系统报价参考、订单流程管理、平台安全结算等功能，同时也为品牌主提供创作者智能推荐、多维数据展示、多项目协同管理等服务，从而解决了两者间信息不透明、不对称、合作流程不标准、定价体系紊乱、内容质量无法把控、头部创作者挤占腰部创作者商业空间等问题。

图 8-28

创作者要加入花火平台，需要同时满足以下 4 个条件。

（1）已经在 B 站完成实名认证，年龄 ≥ 18 岁。

（2）当前粉丝数量 ≥ 1 万。

（3）在最近 30 天内成功发布过原创视频。

（4）已开通电磁力，创作分及影响分 ≥ 70 分，信用分 ≥ 90 分。

如果需要了解花火平台的具体操作，可以在 B 站搜索"花火运营小助手"（图 8-29）以及"UP 主招财喵"这两个账号，从中可以学习到花火平台非常详细的讲解。

图 8-29

8.4.5 承接商单变现

创作者除了从花火平台承接商单外，也可以私下与商家达成合作意向。然后按照商家的要求，创作者植入商家品牌宣传、商品宣传的视频，这样的视频，在 B 站被称为"恰饭视频"。这样的好处是"没有中间商赚差价"，劣势是如果创作者没有商务谈判经验，或者没有合同、财务等方面的经验，则有可能面临商家临时撤单、压价等情况。

如果在 B 站，以"恰饭"为关键词进行搜索，就能找到许多创作者分享的"恰饭"技巧，如图 8-30 所示。例如 380 万粉丝的 bilibili 2020 百大 UP 主"科技美学"，就发了一期视频直言不讳地讲解介绍了他们的"恰饭视频"，如图 8-31 所示。其实 B 站已经形成了一种健康的"恰饭"文化，用户对创作者接单并不抵触，反而希望看到自己喜欢的创作者能够接到合适的商业推广单，以支持未来持续的内容创作。

图 8-30

图 8-31

所以创作者大可以放心地制作"恰饭视频"，只要视频内容仍然有干货或有趣，在"恰饭"的同时创作出自己喜欢的视频，其实是一个双赢的事。

但在制作"恰饭视频"时，必须要注意一个非常重要的点，即如实描述。

不能夸大视频中宣传的商品，更不能隐瞒其缺点，否则就会被粉丝定位为"恰烂钱"的创作者，有大量掉粉的可能性。例如，某创作者将把国外卖 25 元、国内卖 199 元。做工粗糙的《大圣归来》说成"吸取了日美动作游戏的精华"的"独一无二的国风动作游戏"，就引起了众怒，事后以发布道歉信才得以平息粉丝的怒气，如图 8-32 所示。

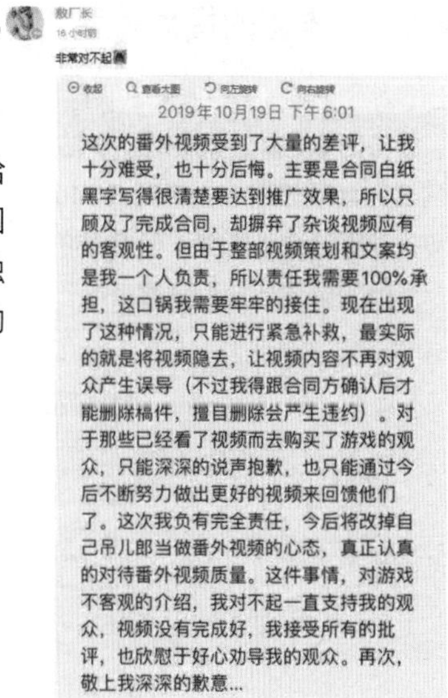

图 8-32

8.5　B 站创作平台基本操作

8.5.1　了解B站创作平台基本功能

与西瓜视频一样，B 站的创作平台也分为手机端与 PC 端两种。但由于 B 站视频往往是中、长视频，因此 PC 端创作平台使用频率更高，其功能也更加丰富，下面主要讲解 PC 端创作平台。

进入 B 站主页后，单击右上方"创作中心"按钮，即可进入 B 站创作操作平台。

从展开的功能区中可以看到创作平台的基本功能，如图 8-33 所示。

单击左上角的"投稿"按钮，即可上传视频投稿。

投稿时的操作与西瓜视频平台大同小异，故不再赘述。

图 8-33

8.5.2　丰富的投稿类型

与西瓜视频不同的是，B 站提供了多种投稿类型，创作者既可以投视频稿，也可以投图文稿，还可以投互动视频、贴纸、音频等稿件，如图 8-34 所示。

丰富的稿件类型，使 B 站的创作者拥有更大的自由度。

但如果要从变现角度考虑，创作者最应该关心的还是视频与互动视频投稿。其他类型的稿件变现难度比较大。

图 8-34

8.5.3　了解极具特色的互动类视频

互动视频与普通视频有很大区别，互动视频的本质是一个小型的视频游戏。

互动视频播放时会根据视频剧情的发展，弹出供观众选择的选项，选项有可能是 A、B、C、D 4 个，也有可能是 2 个。观众选择不同的选项，将激活不同的支线视频剧情，所以观看视频的同时，还有一种玩游戏的体验。

这与观众被动接收普通视频的信息有很大区别，能很好地给观众融入感，看视频时多了神秘感和探索感。

图 8-35 ～图 8-37 所示的是观看互动视频时，选择不同的选项，播放的不同视频。

互动视频的创作难度远高于普通视频，而且更适合于游戏类内容，因此，至今互动视频在 B 站的比例也仍然不高。但对于希望标新立异的创作者来说，却是一个很好的选择。要详细掌握互动视频的创作方法，可以在 B 站创作学院里搜索"互动视频"，如图 8-38 所示。

图 8-35

图 8-36

图 8-37

图 8-38

8.5.4 为视频添加章节

在本书的"在 PC 端西瓜视频创作平台为视频添加章节"一节讲述了为中视频添加章节的必要性，并讲解了如何在西瓜视频创作平台为视频添加章节，B 站同样提供了类似的功能，使用方法如下。

（1）进入 PC 端 B 站创作平台，选择要添加章节的视频，单击右下角的三个点小图标 ⋮ 。

（2）在显示出来的隐藏功能菜单里，选择"个性化配置"选项。

（3）在页面中单击"分段章节"图标，如图 8-39 所示。

图 8-39

（4）在视频下面的时间轴上，拖动红色时间滑块到需要切分为新章节的位置，然后单击"切割章节"按钮，如图 8-40 所示。

图 8-40

（5）在页面"内容"文本输入框中输入新章节的标题，如图 8-41 所示。

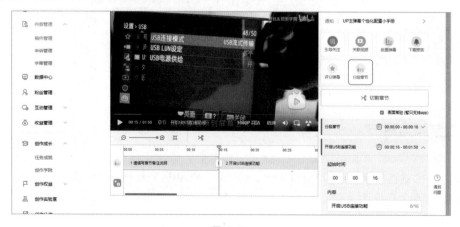

图 8-41

（6）重复第 4 步及第 5 步，即可完成添加章节操作。

观众在观看添加了章节的视频时，可以从章节菜单中选择要观看的章节，此时视频的播放条呈现为一段一段的线条，而不是连续直线，如图 8-42 所示。

图 8-42

了解短视频变现方式、
推荐算法与常见误区

9.1 短视频变现的 18 种常见方式

9.1.1 流量变现

流量变现是一个最基本的变现方式,把视频发布到一个平台上,平台根据视频播放量给予相应的收益。

尤其是现在火山与抖音推出的中视频伙伴计划,如果播放量较高,视频流量收益还是很可观的,目前大多数搞笑类短视频及影视解说类账号均以此为主要收入。

图 9-1 所示为创作者参加中视频伙伴计划后,发布的几个视频的收益情况。由于视频定位于专业的摄影讲解,受众有限,因此播放量非常低,但第一个视频也在短短几天内获得了将近 40 元的收益。

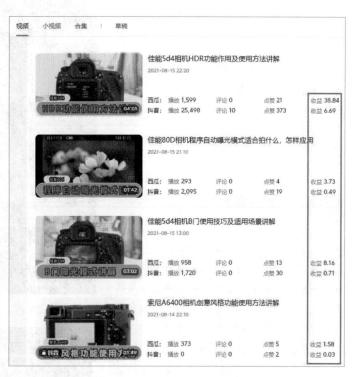

图 9-1

9.1.2 电商带货变现

视频带货是普通人在抖音中较容易实现变现的途径之一。只要持续拍摄带货视频,就有可能在抖音中通过赚取佣金的方式收获第一桶金。图 9-2 所示为一个毛巾带货视频,点开后会发现销售量达到了 25.6 万,如图 9-3 所示。

图 9-2

图 9-3

9.1.3 知识付费变现

知识付费变现是指通过短视频为自己或别人的课程引流，最终达成交易。例如，图 9-4 所示为"北极光摄影"抖音号的引流视频，视频的左下角小黄车为付费课程，图 9-5 所示为点击进入抖音号主页后橱窗内展示的更多课程。

目前在抖音上已经有数万名知识博主通过自己录制的课程成功变现，其中涌现出一批像雪莉老师这种收入过千万的头部知识付费达人。

9.1.4 线下引流变现

引流到店变现分为两种情况。第一种是一些实体店商家会寻找抖音达人进行宣传，并依据宣传效果为达人支付报酬。第二种是抖音达人本身就是实体店老板，通过在抖音发视频起到引流到店的作用。抖音观众前往店内并消费后，即完成变现。

图 9-6 所示为一个添加了线下店铺地址进行引流的美食类视频。

图 9-7 所示为一个引流到线下温泉酒店的视频。

9.1.5 扩展业务源变现

扩展业务源变现方法适用于有一定技术或手艺的创作者，如精修手机、编制竹制品、泥塑等。

只需要将自己的工作过程拍成短视频并发布到短视频平台，即可吸引大量客户。

图 9-4

图 9-5

图 9-6

图 9-7

9.1.6 抖音小店变现

抖音小店变现相当于橱窗变现的升级版。橱窗变现这种方式主要针对个人账号，而抖音小店变现针对的是商家、企业账号。

通过开通小店并上架商品后，将商品加入到精选联盟，即可邀请达人带货，从而快速打开商品销路。

图 9-8 所示为小店的管理后台。

图 9-8

9.1.7 全民任务变现

全民任务变现是一种门槛非常低的变现方式，哪怕粉丝量较少，也可以通过指定入口参与任务。选择任务，并发布满足任务要求的视频后，即可根据流量结算任务奖励。

进入"创作者服务中心"即可找到"全民任务"入口，如图 9-9 所示，点击"全民任务"图标，即可看到所有任务，如图 9-10 所示。

图 9-9

图 9-10

9.1.8 直播变现

直播变现是比短视频带货更有效的一种变现方式。但其门槛要比短视频带货高一些。建议新手从短视频带货做起，短视频带货有所起色，积累一定数量的粉丝后，再着手进行直播带货。

此还，还可以依靠直播打赏进行变现，采用此种变现方式的主要是才艺类或户外类主播。

9.1.9　星图任务变现

"星图"是抖音官方为便于商家寻找合适的达人进行商务合作的平台。所谓"商务合作"，其实就是商家找到内容创作者，并为其指派广告任务。当宣传内容和效果达到商家要求后，即支付创作者报酬。

9.1.10　游戏发行人计划变现

"游戏发行人计划"是抖音官方开发的游戏内容营销聚合平台。游戏厂商通过该平台发布游戏推广任务，抖音创作者按要求接单创作视频。根据点击视频左下角进入游戏或进行游戏下载的观众数量，为短视频创作者结算奖励，从而完成变现。

9.1.11　小程序推广变现

小程序推广变现与游戏发行人计划变现非常相似，区别仅在于前者推广的是小程序，而后者推广的是游戏。也正因推广的目标不同，所以在拍摄视频变现时，需要考虑的要素也有一定区别。

可以在抖音中搜索"小程序推广"，找到对应的计划专题，如图 9-11 所示。

图 9-11

9.1.12　线下代运营变现

一些运营达人会发布视频传授抖音运营经验，并宣传自己"代运营账号"的业务，以此寻求变现。

这种变现方式往往与"知识付费变现"同时存在，即在提供代运营服务的同时，也售卖与运营相关的课程。

9.1.13　拍车赚钱计划变现

"拍车赚钱计划"是懂车帝联合抖音官方发起的汽车达人现金奖励平台。凡是拍摄指定车辆的视频，通过任务入口发布后，根据播放量、互动率、内容质量等多项指标综合计算收益。此种变现方式非常适合卖一手车或者二手车的内容创作者。

可以在抖音搜索"拍车赚钱"，找到对应的计划专题，如图 9-12 所示。

图 9-12

9.1.14　同城号变现

同城号变现是一种非常适合探店类账号的变现方式。通过深挖某一城市街头巷尾的小店，寻找好吃、好玩的地方，以此吸引同城观众。

9.1.15　剪映模板变现

经常使用剪映做视频后期，并参加剪映官方组织的活动，即有机会获得剪映模板创作权限。

获得该权限后，创建并上传剪映模板，除了可以获得剪映的模板创作激励金，当有用户购买模板草稿时，还可以获得一部分收益。

9.1.16　抖音特效师计划变现

"抖音特效师计划"是抖音为扶持原创特效道具创作者而举办的一项长期活动。在抖音认证为"特效师"后，发布原创特效道具，根据该道具被使用的次数，即可获得收益，如图 9-13 所示。

图 9-13

9.1.17　另类服务变现

"另类服务变现"也可以被称为"创意服务变现"。

一些很少见的服务项目，如每天叫起床、每天按时说晚安或者去夸一夸某个人等，都可以在抖音上通过短视频进行宣传，引起观众的兴趣，并吸引其购买该服务，进而成功变现。

此外，抖音中还有大量以起名、设计签名为主要服务内容的账号，如图 9-14 和图 9-15 所示。

所以，每一个创作者都应该想一想自己能否提供有特色的服务或产品，在抖音创作领域内流行这样一句话——万物皆可抖音卖，值得每一个创作者深入思考。

图 9-14

图 9-15

9.1.18　视频赞赏变现

开通了视频赞赏功能的账号，可以在消息面板看到"赞赏"按钮，如图 9-16 所示，粉丝在观看视频时，可以长按视频页面，点击"赞赏"按钮，以抖币的形式进行打赏，如图 9-17 所示。

图 9-16

图 9-17

9.2　理解短视频平台的推荐算法

9.2.1　短视频的推荐算法

理解短视频平台的推荐算法，有助于创作者从各个环节调整自己的创作思路，创作出"适销对路"的作品。

一个视频在发布以后，首先各个平台会按照这个视频的分类，将其推送给可能会对这个视频感兴趣的一部分人。

例如，某创作者发布了一个搞笑视频，此时平台的第一步是找到这个视频的观看用户。

用户的选择方法通常是，先从创作者的粉丝里随机找到 300 个左右对搞笑视频感兴趣的人，再随机找到 100 个左右同城观众与 100 个左右由于点赞过搞笑视频或长时间看过搞笑视频而被系统判定为对搞笑视频感兴趣的用户。

第二步是将这个视频推送给这些用户，即这些用户刷抖音时下一条刷到的就是这个搞笑视频，如图 9-18 所示。

第三步是系统通过分析这 500 个用户观看视频后的互动数据，来判断视频是否优质。

互动数据包括有多少用户看完了视频、是否在讨论区进行评论、是否点赞和转发，如图 9-19 所示。

图 9-18　　　　　　　图 9-19

如果互动数据比同类视频优秀，平台就会认为这是一个优质的视频，从而把视频推送到下一个流量池，这个流量池可能就是 3000 个对搞笑视频感兴趣的人。

反之，如果互动数据较差，则此视频将不会被再次推送，最终的播放数据基本上就是 500 左右。

如果被推送给 3000 人的视频仍然保持非常好的互动数据，则此视频将会被推荐到下一个更大的流量池，可能是 5 万这样一个级别，并按照同样的逻辑进行下一次的推送分发，最终可能出现一个播放达到数千万级别的爆款视频。

反之，如果在 3000 人的流量池中，互动数据与同类视频相比较差，则其播放量也就止步于 3000 左右了。

当然，这里只是简单模拟了各个视频平台的推荐流程，实际上在这个推荐流程中，还涉及很多技术性参数。

但从这个流程中也基本上能够明白，一个视频在刚刚发布的初期，每一批被推送的用户，直接决定着视频能否成为爆款，所以，视频成为爆款也存在一定的偶然性。

例如精心制作了一个视频，这个视频在发布时，由于时间点选择得不太好，大家都在忙于别的事情，那么这个视频即使被发布出来，大家也可能没有时间去仔细观看，通常会匆匆划过，因此这个视频也就不可能成为爆款。

因此，抖音早期创作者都流传着"发第 2 遍会火"的说法，其实就是在赌概率。有些创作者甚至会隐藏数据不佳的视频，然后对其做较小修改后再次发布。如果仍然不火，再次修改，再次发布，这种操作可能重复 3 ~ 4 次，甚至 4 ~ 5 次。

其实从一个娱乐圈的事件也能够看出，发布时间节点对于视频是否火爆会产生怎样的影响。汪某作为一个知名歌手，名气不可谓不大。但很多次关于汪某的新闻都没有办法获得娱乐头条，就是因为每次汪某在发布新闻时，总是被一些更大的事件所压制，大家的关注度直接会转向那个更大的新闻，因此汪某多次都抢头条失败。

所以，即便创作的视频各个方面都没有问题，能够成为爆款的视频也属于概率问题。

9.2.2　视频偶然性爆火的实战案例

由于了解视频火爆的偶然性，因此编者在发布视频时，通常会将一个内容创建成为 16：9 与 9：16 两种画幅，分别在不同的时间发布在两个类型相同的账号上。

实践证明，这个举措的确挽救了多个爆款视频。

图 9-20 所示为编者于 2021 年 9 月 27 日发布的一个讲解慢门的视频，数据非常一般，播放量不到 2200。

图 9-20

但此视频内容质量过硬，所以经过调整画幅后，重新于 2021 年 9 月 30 日重新发布在另一个账号上，获得了 19 万播放量、6729 个赞，如图 9-21 所示。

图 9-21

图 9-22 所示为另一个案例，第一次发布后只获得 23 个赞，所以直接将其隐藏。在修改画幅后发布于另一个账号，但数据仍较低，只获得 25 个赞，如图 9-23 所示。

图 9-22

图 9-23

由于编者坚信视频质量，因此再次对视频做了微调，并第三次发布于第一个账号上，终于获得 1569 个赞，如图 9-24 所示。

图 9-24

类似的案例还有很多，这充分证明了发布视频时的偶然性因素，值得读者思考。

9.3 了解内容审核机制

短视频平台的内容审核包括机器审核和人工审核两部分。

由于每个平台每天都有大量视频被上传，因此，基本上所有平台都在很大程度上先依靠计算机进行初审，再依靠人工进行复审。

计算机审核的部分包括视频的画面内容、标题关键词、视频配音与背景音乐。

审核的硬性标准是上述内容没有明显违法内容，没有明显违反著作权法，没有明显搬运抄袭他人作品的情况。

这些要素均没有明显违规后，才会进行推送并获得初始播放量，如图 9-25 所示。

当视频达到 3 万左右播放量时，会由审核人员介入进行审核，以确保视频内容安全可靠。

当视频播放量达到 10 万或更多时，则由更高级别的审核工作人员介入进行审核。

因此，有些视频内容在违规不明显的情况下，很容易在获得较高播放量后，由于人工介入被检查出违规，而直接被断流。

此外，特别需要提醒新手注意的是，初始审核时视频的画面是由计算机执行的，因此，即便有一些画面并不低俗，但只要看上去有些像低俗画面，也会由于误判而导致视频被限流。

同样，由于视频中的画面不能出现商家广告，因此，如果视频中的某一段画面由于形似某个商家的 Logo，而被误判为广告视频，也会导致视频限流。

另外，所有视频除非违规非常明显，否则均会得到200 ～ 500 的初始播放量，并在边推送的同时边检测，因此，有些违规视频可能在 300 左右的播放量时被检测出违规，停止推送；有些视频，有可能达到数千播放量时被检测出违规，并被停止推送，如图 9-26 所示。对于违规视频，建议将其删除。

图 9-25　　　　　　　　　　　　　图 9-26

9.4　对账号进行定位

俗话说"先谋而后动"，抖音是一个需要持续投入时间与精力的创业领域，为了避免长期投入成为沉没成本，每一个抖音创作者都必须在着手前期，做好详细的账号定位规划。

9.4.1　商业定位

与线下商业的创业原则一样，每一个生意的开端都起始于对消费者的洞察，更通俗一点的说法就是要明白"自己的生意，是赚哪类消费者的钱"。在考虑商业定位时，可以从两个角度分析。

第一个角度是从自己的擅长技能出发。

例如，健身教练擅长讲解与健身、减肥、调整亚健康为主的内容，那么主要目标群体就是职业久坐办公室的男性与女性。账号的商业定位就可以是，销售与上述内容相关的课程及代餐、营养类商品，账号的主要内容就可以是讲解自己的健身理念、心得、经验、误区，解读相关食品的配方，晒自己学员的变化，展示自己的健身器械，等等。

如果创业者技能不突出，但自身颜值出众、才艺有特色，也可以从这方面出发，定位于才艺主播，以直播打赏作为主要的收入来源。

如果创业者技能与才艺都不突出，则需要找到自己热爱的领域，以边干边学的态度来做账号，例如，许多宝妈以小白身份进入分享家居好物、书单带货等领域，也取得了相当不错的成绩，但这个前提也是找准了要持续发力的商业定位，即家居好物分享视频带货、书单视频推广图书。

所以，这种定位方法适合于打造个人 IP 账号的个人创业者。

第二个角度是从市场空白出发。

例如，创业者通过分析发现，当前儿童感觉统合练习是一个竞争并不充分的领域，也就是通常所说的蓝海。此时，可以通过招人、自播等多种形式，边干边学边做账号。

这种方式比较适合于有一定资金，需要通过团队合作运营账号的创业者。

第三个角度是从自身产品出发。

对于许多已经有线下实体店、实体工厂的创业者来说，抖音是又一个线上营销渠道，由于变现的主体与商业模式非常清晰，因此，账号的定位就是为线下引流，或为线下工厂产品打开知名度，或通过抖音的小店找到更多的分销达人，扩大自己产品的销量。

这类创作者通常需要作矩阵账号，以海量抖音的流量使自己的商业变现规模迅速放大。

如果希望深入学习与研究商业定位，建议读者阅读学习杰克·特劳特撰写的《定位》。

9.4.2 垂直定位

需要注意的是，即使在多个领域都比较专业，也不要尝试在一个账号中发布不同领域的内容。

从观众角度来看，当创作者想去迎合所有用户，利用不同的领域来吸引更多的用户时，就会发现可能所有用户对此账号的黏性都不强。观众会更倾向于关注多个垂直账号来获得内容，因为在观众心中，总有一种"术业有专攻"的观念。

从平台角度来看，一个账号的内容比较杂乱，则会影响内容推送精准度，进而导致视频的流量受限。

所以，账号的内容垂直比分散更好。

9.4.3 用户定位

无论是抖音上的哪一类创作者，都应该对以下几个问题了然于心。用户是谁？在哪个行业？消费需求是什么？谁是产品使用者，谁是产品购买者？用户的性别、年龄、地域是怎样的？

这其实就是目标用户画像，因为，即便同一领域的账号，当用户不同时，不仅产品不同，最基础的视频风格也会截然不同。所以，明确用户定位，是确定内容呈现方式的重要前提。

例如做健身类的抖音账号，如果受众是年轻女性，那么视频内容中就要有女性健身方面的需求，例如美腿、美臀、美背等。图 9-27 所示即典型的以年轻女性为目标群体的健身类账号。如果受众定位是男性健身群体，那么视频内容就要着重突出各种肌肉的训练方法，图 9-28 所示即典型的以男性为主要受众的健身类账号。即便不看内容，只通过封面，就可以看出受众不同，对内容的影响是非常明显的。

图 9-27

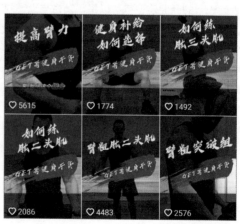

图 9-28

9.5 对标账号分析及查找方法

可以说抖音是一场开卷考试，对于新手来说，最好的学习方法就是借鉴，最好的老师就是有成果的同行。因此一定要学会如何寻找与自己同一赛道的对标账号，通过分析学习经过验证的创作手法与思路。

更重要的是可以通过分析这些账号的变现方式与规模，来预判自己的收益，并根据对这些账号的分析来不断微调自己账号的定位。

查找对标账号的方法如下。

（1）在抖音顶部搜索框中输入要创建的视频主题词，例如"电焊"话题。

（2）点击"视频"右侧的"筛选"按钮 。

（3）选择"最多点赞""一周内""不限"三个选项，以筛选出近期爆款视频，如图 9-29 所示。

（4）观看视频时通过点击头像进入账号主页，进一步了解对标信息。

（5）也可以点击"用户""直播""话题"等标题，以更多方式找到对标账号，进行分析与学习，如图 9-30 所示。

还可以在抖音搜索"创作灵感"，点击进入热度高的创作灵感主题，然后点击"相关用户"按钮，找到大量对标账号。

图 9-29

图 9-30

9.6 创建抖音账号的学问

确定账号的定位后就需要开始创建账号，比起早期的无厘头与随意，现在的抖音由于竞争激烈，因此创建账号之初就需要在各个方面精心设计，下面是关于抖音账号的设计要点。

9.6.1 为账号取名的6个要点

1. 字数不要太多

简短的名字可以让观众一眼就知道这个抖音号或者快手号叫什么，让观众哪怕是无意中看到了自己的视频，也可以在脑海中形成一个模糊印象。当自己的视频第二次被看到时，其被记住的几率将大大增加。

另外，简短的名字比复杂的名字更容易记忆，建议将名字的长度控制在 8 个字以内。例如目前抖音上的头部账号：疯狂小杨哥、刀小刀 sama、我是田姥姥等，其账号名称长度均在 8 个字以内，如图 9-31 所示。

2. 不要用生僻字

如果观众不认识账号名，则对于宣传推广是非常不利的，所以尽量使用常用字作为名字，可以让账号的受众更广泛，也有利于运营时的宣传。

在此特别强调一下账号名中带有英文的情况。如果账号发布的视频，其主要受众是年轻人，在名字中加入英文可能显得更时尚；而如果主要受众是中老年人，则建议不要加入英文，因为这部分人群对于自己不熟悉的领域往往会有排斥心理，当看到不认识的英文时，则很可能不会关注该账号。

3. 体现账号所属垂直领域

如果账号主要发布某一个垂直领域的视频，那么在名字中最好能够有所体现。

例如"央视新闻"，一看名字就知道是分享新闻视频的账号；而"51美术班"，一看名字就知道是分享绘画相关视频的账号，如图 9-32 所示。

其优点在于，当观众需要搜索特定类型的短视频账号时，将大大提高自己的账号被发现的概率。同时，也可以通过名字给账号打上一个标签，精准定位视频受众。账号具有一定的流量后，变现也会更容易。

4. 使用品牌名称

如果在创建账号之前就已经拥有自己的品牌，那么直接使用品牌名称即可。这样不但可以对品牌进行一定的宣传，在今后的线上和线下联动运营时也更方便，如图 9-33 所示。

5. 使用与微博、微信相同的名字

使用与微博、微信相同的名字可以让周围的人快速找到自己，并有效利用其他平台所积攒的流量，作为在新平台起步的资本。

6. 让名字更具亲和力

一个好名字一定是具有亲和力的，这可以让观众更想了解博主，更希望与博主进行互动。而一个非常酷、很有个性却冷冰冰的名字，则会让观众产生疏远感。即便很快记住了这个名字，也会因为心理的隔阂而不愿意去关注或者互动。

所以无论是在抖音还是快手平台，都会看到很多比较萌、比较温和的名字，例如"韩国媳妇大璐璐""韩饭饭""会说话的刘二豆"等，如图 9-34 ~ 图 9-36 所示。

图 9-31

图 9-32

图 9-33

图 9-34

图 9-35

图 9-36

9.6.2 为账号设置头像的4个要点

1. 头像要与视频内容相符

一个主打搞笑视频的账号，其头像也自然要诙谐幽默，如"贝贝兔来搞笑"，如图 9-37 所示。一个主打真人出境、打造大众偶像的视频账号，其头像当然要选个人形象照，如"李佳琦 Austin"，如图 9-38 所示。

而一个主打萌宠视频的账号，其头像最好是宠物照片，如"金毛~路虎"，如图 9-39 所示。

如果说账号名是招牌，那么头像就是店铺的橱窗，需要通过头像来直观地表现出视频主打的内容。

图 9-37

图 9-38

图 9-39

2. 头像要尽量简洁

头像也是一张图片，而所有宣传性质的图片，其共同特点就是"简洁"。只有简洁的画面才能让观众一目了然，并迅速对视频账号产生一个基本了解。

如果是文字类的头像，则字数尽量不要超过 3 个字，否则很容易显得杂乱。

另外，为了让头像更明显、更突出，尽量使用对比色进行搭配，如黄色与蓝色、青色与紫色、黑色与白色等，如图 9-40 所示。

图 9-40

3. 头像应与视频风格相吻合

即便属于同一个垂直领域的账号，其风格也会有很大区别。而为了让账号特点更突出，在头像上就应该有所体现。

例如同样是科普类账号的"笑笑科普"与"昕知科技"，前者的科普内容更偏向于生活中的冷门小知识，而后者则更偏向于对高新技术的科普。两者风格的不同，使得"笑笑科普"的头像显得比较诙谐幽默，如图 9-41 所示。

图 9-41

4. 使用品牌Logo作为头像

如果是运营品牌的视频账号，与使用品牌名称作为名字类似，使用品牌 Logo
作为头像既可以起到宣传作用，又可以通过品牌积累的资源让短视频账号更快速
地发展，如图 9-42 所示。

图 9-42

9.6.3 编写简介的4个要点

通过个性化的头像和名字可以快速吸引观众的注意力，但显然无法对账号内容产生进一步了解。而"简介"就
是让观众在看到头像和名字的"下一秒"继续了解账号的关键。绝大多数的"关注"行为，通常是在看完简介后出
现的，下面介绍简介撰写的 4 个关键点。

1. 语言简洁

观众决定是否关注一个账号所用的时间大多在 5 秒以内，在这么短的时间内，
几乎不可能去阅读大量的介绍性文字，因此简介撰写的第一个要点就是务必简洁，
并且要通过简洁的文字，尽可能多地向观众输出信息。图 9-43 所示的健身类头部
账号"健身 BOSS 老胡"，短短 3 行，不到 40 个字，就介绍了自己、账号内容
和联系方式。

图 9-43

2. 每句话要有明确的目的

正是由于简介的语言必须简洁，所以要让每一句话都有明确的意义，防止观
众在看到一句不知所云的简介后就转而去看其他的视频。

这里举一个反例，例如一个抖音号简介的第一句话是"元气少女能量满满"。
这句话看似介绍了自己，但仔细想想，观众仍然不能从这句话中认识自己，也不
知道自己能提供什么内容，所以相当于是一段毫无意义的文字。

而优秀的简介应该是每一句话、每一个字都有明确的目的，都在向观众传达
必要的信息。

如图 9-44 所示的抖音号"随手做美食"，一共 4 行字，第 1 行指出商品购买
方式；第 2 行表明账号定位和内容；第 3 行给出联系方式；第 4 行宣传星图有利
于做广告。言简意赅，目的明确，让观众在很短的时间内就获得了大量的信息。

图 9-44

3. 简介排版要美观

简介作为在主页上占比较大的区域，如果是密密麻麻一大片直接显示在界面
上，势必会影响整体观感。建议在每句话写完之后，换行再写下一句，并且尽量
让每一句话的长度基本相同，从而让简介看起来更整齐。

如果在文字内容上确实无法做到规律而统一，可以如图 9-45 所示那样，加一
些有趣的图案，让简介看起来更加活泼、可爱一些。

4. 可以表现一些自己的小个性

目前在各个领域，都已经存在大量的短视频内容。而要想突出自己制作的内容，
就要营造差异化，对于简介而言也不例外。除了按部就班、一板一眼地介绍自己、

图 9-45

账号定位与内容，部分表明自己独特观点或者是体现自己个性的文字同样可以在简介中出现。

如图 9-46 所示的"小马达逛吃北京"的简介中，就有一条"干啥啥不行 吃喝玩乐第一名"的文字。

图 9-46

其中"干啥啥不行"这种话，一般是不会出现在简介中的，这就与其他抖音号形成了一定的差异。而且，这种语言也让观众感受到了一种玩世不恭与随性自在，体现出了内容创作者的个性，拉近了与观众的距离，从而对粉丝转化起到一定的促进作用。

9.6.4 简介应该包含的3大内容

所谓"简介"，就是简单介绍自己的含义。那么在尽量简短并且言简意赅的情况下，该介绍哪些内容呢？以下内容建议通过简介来体现。

图 9-47

1. 我是谁？

作为内容创作者，在简介中介绍下"我是谁"，可以增加观众对内容的认同感。

图 9-47 所示的抖音号"徒手健身干货 - 豪哥"的简介中，就有一句"2017中国街头极限健身争霸赛冠军"的介绍。这句话既让观众更了解内容创作者，也表明了其专业性，让观众更愿意关注该账号。

2. 能提供什么价值？

观众之所以会关注某个抖音号，是因为其可以提供价值，如搞笑账号能够让观众开心，科普账号能够让观众涨知识，美食类账号可以教观众做菜等。所以，在简介中要通过一句话表明账号能够提供给观众的价值。

这里依旧以"徒手健身干货 - 豪哥"抖音号的简介为例，其第一句话"线上一对一指导收学员（提升引体次数、俄挺、街健神技、卷身上次数）"就是在表明其价值。那么希望在这方面有所提高的观众，大概率会关注该账号。

3. 账号定位是什么？

所谓"账号定位"，其实就是告诉观众账号主要做哪方面的内容，从而达到不用观众去翻之前的视频，尽量保证在 5 秒内打动观众，使其关注账号的目的。

图 9-48 所示的抖音号"谷子美食"，在该简介中"每天更新一道家常菜，总有一道适合您"就向观众表明了账号内容属于美食类，定位是家常菜，更新频率是"每天"，从而让想学习做一些不太难且美味的菜品的观众更愿意关注该账号。

图 9-48

9.6.5 背景图的4大作用

1. 通过背景图引导关注

通过背景图引导关注是最常见的发挥背景图作用的方式。因为背景图位于画面的最上方，相对比较容易被观众看到。再加上图片可以带给观众更强的视觉冲击力，所以往往会被用来通过引导的方式直接增加粉丝转化，如

图 9-49 所示。

但还没有形成影响力与号召力的新手账号，不建议采用这种背景图。

2. 展现个人专业性

如果是通过自己在某个领域的专业性进行内容输出，进而通过带货进行变现，那么背景图可以用来展现自己的专业性，从而增加观众对内容的认同感。

图 9-50 所示的健身抖音号，就是通过展现自己的身材，间接证明自己在健身领域的专业性，进而提高粉丝转化。

3. 充分表现偶像气质

对于具有一定颜值的内容创作者，可以将自己的照片作为背景图使用，充分发挥自己的偶像气质，也能够让主页更个人化，拉近与观众之间的距离。

图 9-51 所示的剧情类抖音号，就是通过将视频中的男女主角作为背景图，通过形象来营造账号的吸引力。

4. 宣传商品

如果带货的商品集中在一个领域，那么可以利用背景图为售卖的产品做广告。例如"好机友摄影、视频"抖音号中，其中一部分商品是图书，就可以通过背景图进行展示，如图 9-52 所示。

这里需要注意的是，所展示的商品最好是个人创作的，如教学课程、手工艺品等，这样除了能起到宣传商品的作用，还是一种对专业性的表达。

图 9-49

图 9-50

图 9-51

图 9-52

9.7 认识账号标签

账号标签是抖音推荐视频时的重要依据，标签越明确的账号，看到其视频的观众与内容的关联性越高，就会有更多真正对自己的内容感兴趣的观众看到这些视频，点赞、转发或评论量自然更高。

每个抖音账号都有 3 个标签，分别是内容标签、账号标签和兴趣标签。

9.7.1 内容标签

所谓"内容标签"，即作为视频创作者，每发布一个视频，抖音就会为其打上一个标签。随着发布相同标签的内容越来越多，其视频推送会越精准。这也是为什么建议用户在垂直领域做内容的原因。连续发布相同标签内容的账号，与经常发送不同标签内容的账号相比，其权重也会更高。高权重的账号可以获得抖音更多的资源倾斜。

9.7.2 账号标签

正如上文所述，当一个账号的内容标签基本相同，或者说内容垂直度很高时，抖音就会为这个账号打上账号标签。一旦拥有了账号标签，就证明该账号在垂直分类下已经具备一定的权重。可以说是运营阶段性成功的表现。

要想获得账号标签，除了发布视频的内容标签要一致，还要让头像、名字、简介、背景图等都与标签相关，从而提高获得账号标签的几率。

9.7.3 兴趣标签

所谓"兴趣标签"，即该账号经常浏览哪些类型的视频，就会被打上相应的标签。例如一位抖音用户，他经常观看美食类视频，那么就会为其贴上相应的兴趣标签，抖音就会更多地为其推送与美食相关的视频。

因为一个人的兴趣可以有很多种，所以兴趣标签并不唯一。抖音会自动根据观看不同类视频的时长及点赞等操作，将兴趣标签按优先级排序，并分配不同数量的推荐视频。

正是因为抖音账号有上述几个标签，而不像以前只有一个标签的存在，所以"养号"操作已经不复存在。各位内容创作者再也不需要通过大量浏览与所发视频同类的内容来为账号打上标签了。

总结起来，在以上 3 种标签中，内容标签是视频维度，账号标签是账号维度，兴趣标签是创作者本身浏览行为维度。内容标签会对账号标签产生影响，但是兴趣标签不会影响内容标签和账号标签。

9.8 如何查看账号标签和内容标签

兴趣标签与运营账号无关，不需要特意关注。但账号标签和内容标签涉及视频的精准投放，所以在运营一段时间后，创作者需要关注自己的账号是否已被打上了精准的账号标签。

可以通过在抖音中搜索创作灵感的方法，来判断自己的账号是否有正确的内容标签。

（1）关注并进入"创作灵感小助手"主页，点击主页上的官方网站链接，如图 9-53 所示。

（2）查看推荐的创作话题，如果推荐的话题与自己创作的内容方向一致，就代表已经打上了相关内容标签，如图 9-54 所示。

图 9-53　　　　　　图 9-54

9.9 手动为账号打标签

鉴于账号标签的重要性，抖音推出了手动为账号打标签的功能，具体操作步骤如下。

（1）点击抖音 App 右下角的"我"按钮，点击右上角三条杠，点击"创作者服务中心"按钮，显示图 9-55 所示的界面。

（2）在头像下方点击"添加标签"按钮，显示图 9-56 所示的标签选择页面。

图 9-55　　　　　　　　　　　　　　图 9-56

（3）选择与自己相关的领域标签，点击"下一步"按钮。

（4）选择更细分的内容类型，如图 9-57 所示，点击"完成"按钮。

（5）显示保存标签的页面，如图 9-58 所示，提示创作者每间隔 30 天才可以修改一次。

需要注意的是，截至 2022 年 2 月，此功能仍然属于内测阶段，也就是说并不是所有创作者都可以在后台按上述方法操作成功，如图 9-59 所示。

图 9-57　　　　　　　　　　图 9-58　　　　　　　　　　图 9-59

掌握短视频 7 大构成要素创作方法

10.1 全面认识短视频的 7 大构成要素

虽然大多数创作者每天都观看几十甚至数百个短视频，但仍然有不少创作者对视频结构要素缺乏了解。下面对短视频组成要素进行一一拆解。

10.1.1 选题

选题即每一个视频的内容主题，是视频创作的第一步。好的选题不必使用太多技巧就能够获得大量推荐，而平庸的选题即便投放大量 DOU+ 广告进行推广，也不太可能火爆。

因此，对于创作者来说，"选题定生死"这句话也不算过分夸张。

10.1.2 内容

选题方向确定后，还要确定其表现形式。同样一个选题，可以真人口述，也可以图文展示；可以实场拍摄，也可以漫画表现。当前丰富的创作手段给了内容无限的创作空间。

在选题相似的情况下，谁的内容创作技巧更高超，表现手法更新颖，谁的视频就更可能火爆。

所以，抖音中的技术流视频一直拥有较高的播放量与认可度。图 10-1 所示为变身视频。

图 10-1

10.1.3 标题

标题是整个视频的主体内容的概括，好的标题能够让人对内容一目了然。

此外，对于视频中无法表现出来的情绪或升华主题，也可以在标题中表达出来，如图 10-2 所示。

图 10-2

10.1.4 音乐

抖音之所以能够给人沉浸式的观看体验，背景音乐功不可没。

可以试一下将视频静音，这时就会发现很多视频变得索然无味。

所以，每一个创作者要对背景音乐有足够的重视，养成保存同类火爆短视频背景音乐的好习惯，如图 10-3 所示。

图 10-3

10.1.5 字幕

为了便于听障人士及在嘈杂环境下观看视频，抖音中的大部分视频都添加了字幕。

但需要注意避免字幕位置不当、文字过小、色彩与背景色混融、字体过于纤细等问题，图 10-4 和图 10-5 所示的视频就属于此类视频，可以看出来字幕的辨识度较差。

但这个不是强制性要求，新手如果考虑成本，也可以不用添加。

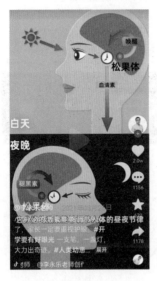

图 10-4　　　　　　　　　　　　图 10-5

10.1.6 封面

封面不仅是视频的重要组成元素，也是粉丝进入主页后判断创作者是否专业的依据。

图 10-6 和图 10-7 所示的整齐封面不仅能够给人以专业、认真的印象，而且使主页更加美观。

图 10-6　　　　　　　　　　　　图 10-7

10.1.7　话题

在标题中添加话题的作用是告诉抖音如何归类此视频。当话题被搜索或从标题处点击查看时，同类视频可依据时间、热度进行排名，如图 10-8 和图 10-9 所示。

因此，为视频增加话题有助于提高展现概率，获得更多流量。

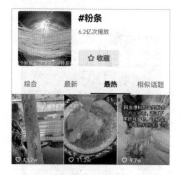

图 10-8　　　　　　　　图 10-9

10.2　让选题思路源源不断的 3 个方法

下面介绍 3 个常用的方法，帮助用户找到源源不断的选题灵感。

10.2.1　蹭节日

拿起日历，注意是要包括中、外、阳历、阴历各种节日的日历，另外，也不要忘记电商们自创的节日。

以 5 月为例，有劳动节和母亲节两个节日，立夏和小满两个节气，就是很好的切入点，如图 10-10 所示。

围绕这些时间点找到自己垂直领域与其的相关性。例如，美食领域可以出一期选题"母亲节，我们应该给她做一道什么样的美食"；数码领域可以出一期节目围绕着"母亲节，送她一个高科技'护身符'"主题；美妆领域可以出一期节目"这款面霜大胆送母上，便宜量又足，性能不输 XXX"，这里的 XXX 可以是一个竞品的名称。

图 10-10

10.2.2　蹭热点

图 10-11

此处的热点是指社会上的突发事件。这些热点通常自带话题性和争议性，利用这些热点作为主题展开，很容易获得关注。

蹭热点既有一定的技术含量，更有一定的道德底线，否则，会适得其反。例如，主持人王某芬曾经就创业者茅侃侃自杀事件发过一个微博，并在第二条欢呼该微博阅读量突破 10 万人次。这是典型的吃人血馒头，因此受到许多网民的抵制，如图 10-11 所示，最终不得不以道歉收场。

10.2.3　蹭同行

这里所说的同行，不仅包括视频媒体同行，还泛指视频创作方向相同的所有类型的媒体。例如，不仅要在抖音上关注同类账号，尤其是相同领域的头部账号，还要在其他短视频平台上找相同领域的大号。视频同行的内容能够帮助新入行的小白快速了解围绕着一个主题，如何用视频画面、声音音乐来表现选题主旨，也便于自己在同行基础上进行创新与创作。

另外，还应该关注图文领域的同类账号，如头条号、公众号、百家号、大鱼号、网易号、知乎、小红书等。在这些媒体上寻找阅读量比较高或者热度比较高的文章。

因为，这些爆文可以直接转化为视频选题，只需按文章的逻辑重新制作成视频即可。

10.3　反向挖掘选题的方法

图 10-12

绝大多数创作者在策划选题时，方向都是由内及外，从创作者本身的知识储备去考虑，应该带给粉丝什么样的内容。这种方法的弊端是很容易由于自己的认知范围，而导致自己的视频内容限于窠臼。

如果已经有一定的粉丝量，不妨以粉丝为切入点，将自己为粉丝解决的问题制作成选题，即反向从粉丝那里挖掘选题。

首先，这些问题有可能是共性的，不是一个粉丝的问题，而是一群粉丝的问题，所以受众较广。

其次，这些问题是真实发生的，甚至有聊天记录，所以可信度很高。

这样的选题思路，在抖音中已经有大 V 用得非常好了。例如"猴哥说车"，创作者就是为粉丝解决一个又一个的问题，并将过程创作成视频，最终使自己成为 4000 万粉丝大号，如图 10-12 所示。

10.4 跳出知识茧房挖掘选题方法

众所周知，抖音采用的是个性化推荐方式。因此，一个对美食、旅游内容感兴趣的用户，总是能够刷到这两类视频。但这样的个性化推荐，对于一个内容创作者来说无疑是思想的知识茧房。由于无法看到其他领域的视频，自然也没办法举一反三，从其他领域的视频中吸取灵感，从而突破自己的与行业的创作瓶颈。

所以，对于一个想不断突破、创新的创作者来说，一定要跳出抖音的知识茧房。操作方法如下。

（1）在抖音中点击右上角的三条杠。

（2）点击"设置"按钮，选择"通用设置"选项。

（3）点击"管理个性化内容推荐"按钮。

（4）关闭"个性化内容推荐"开关，如图 10-13 所示。

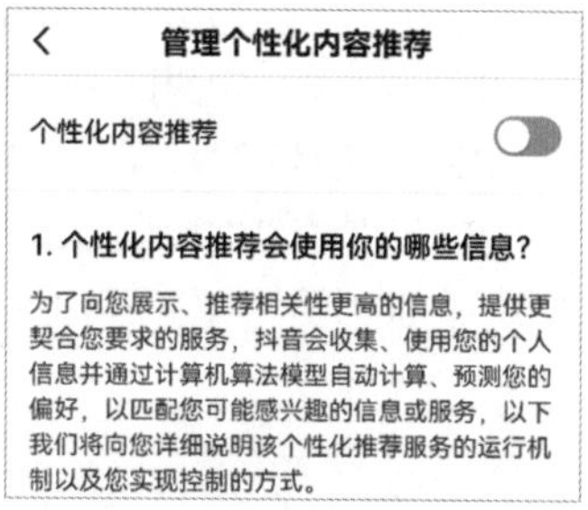

在这种情况下，抖音推送的都是各个领域较为热门的内容，对于许多创作者来说犹如打开了一个新世界。

图 10-13

10.5 使用创作灵感批量寻找优质选题

创作灵感是抖音官方推出的帮助创作者寻找选题的工具，这些选题基于大数据筛选，所以不仅数量多，而且范围广，能够突破创作者的认知范围。

下面是具体的使用方法。

（1）在抖音中搜索"创作灵感"话题，如图 10-14 所示，点击进入话题。

（2）点击"点我找热门选题"按钮，如图 10-15 所示。

图 10-14

图 10-15

（3）在顶部搜索栏中输入要创建的视频主题词，如"麻将"，再点击"搜索"按钮，如图 10-16 所示。

（4）找到一个适合自己创建的、热门较高的主题，例如，选择"麻将口诀大全"选项，点击进入。

（5）查看与此话题相关的视频，分析学习相关视频的创作思路，如图 10-17 所示。如果查看相关用户，还可以找到大量对标账号。

图 10-16

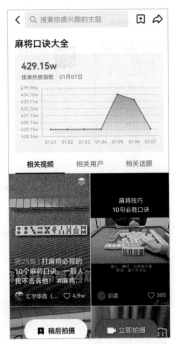

图 10-17

（6）按此方法找到多个值得拍摄的主题后，点击"稍后拍摄"按钮，将创作灵感保存在自己的灵感库中。

（7）以后要创建此类主题的视频时，只需要点击右上角的口图标，打开自己的创作灵感库进行自由创作即可。

10.6　用抖音热点宝寻找热点选题

10.6.1　什么是抖音热点宝

"抖音热点宝"是抖音官方推出的热点分析型平台，基于全方位的抖音热点数据解读，帮助创作者更好地洞察热点趋势，参与热点选题创作，获取更多优质流量，而且完全免费。

要开启热点宝功能，要先进入抖音创作者服务平台，点击"服务市场"标签，如图 10-18 所示。

图 10-18

在服务列表中点击"抖音热点宝"按钮，显示图 **10-19** 所示的页面，点击红色的"立即订购"按钮后点击"提交订单"按钮。

点击"立即使用"按钮，会进入图 **10-20** 所示的使用页面。

如果感觉使用页面较小，可以通过网址 https://douhot.douyin.com/welcome 进入抖音热点宝的独立网站。

图 10-19

图 10-20

10.6.2 使用热点榜单跟热点

抖音热点榜可以给出某一事件的热度，而且有更明显的即时热度趋势图，如图 10-21 所示，将光标放在某一个热点事件的"热度趋势"图形线条上，可以查看某一时刻的事件热度。

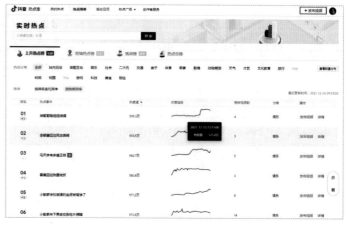

图 10-21

使用抖音热点宝，可以按领域进行区分，但可以通过点击"查看数量分布"按钮，来查看哪一个领域热点更多，如图 10-22 所示。

图 10-22

10.6.3　利用同城热单推广线下门店

如果在创作视频时，有获取同城流量、推广线下门店的需求，一定要使用"同城热点榜"功能，在榜单上一共列了 17 个城市。

如果创作者所在的城市没有被列出，可以在右上方搜索框中搜索城市的名称。例如，搜索"石家庄"，则可以查看石家庄的城市热点事件，如图 10-23 所示。

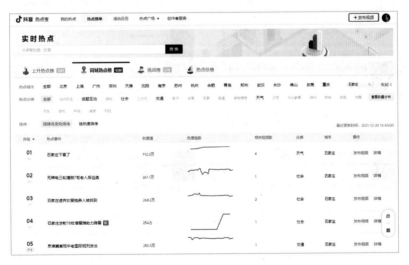

图 10-23

10.6.4　利用热点广场查找热点

利用热点宝"热点广场"功能可以从低粉爆款、高完播率、高涨粉率、高点赞率等不同维度，了解当前在抖音上什么样的视频更值得借鉴与参考学习，从而打开创作思路。选择"热点广场"下拉列表中的"热榜聚合"选项，显示如图 10-24 所示的页面。

在这些榜单下方的"垂类筛选"下拉列表选项单中，可按不同的细分领域进行筛选。

图 10-25 所示为针对摄影细分领域进行筛选后的榜单，只要每天分析这些榜单中的视频，相信不用多长时间，努力勤奋的创作者都能够发现自己的各项数据有长足进步。

图 10-24

图 10-25

10.6.5　只显示细分领域热点

如果按上述方法在查看热点榜时，只希望显示自己关注的一个或多个细分领域视频，可以在"垂类筛选"下拉列表选项单中选择细分领域后，点击"订阅"按钮。

以后查看热点视频时，只需要点击进入"我的订阅"栏目即可，此页面如图 10-26 所示。

注意：在查看榜单时，可以依据近 1 小时、近 1 天、近 3 天、近 7 天等不同的时间周期，来判断当下与近期的热点趋势。

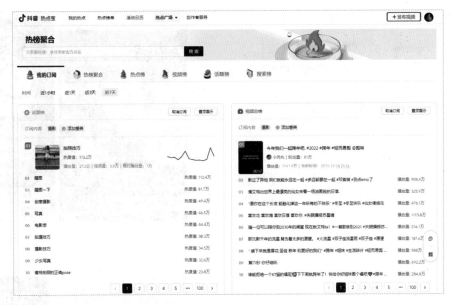

图 10-26

10.7 用抖音短视频的 9 种呈现方式

　　"短视频"的呈现方式多种多样，有的呈现方式门槛较高，适合团队拍摄、制作；而有的呈现方式则相对简单，一个人也能轻松完成。下面为当前常见的 9 种短视频呈现方式，用户可以根据自己的内容特点，从中选择适合自己的方式。

10.7.1 固定机位真人实拍

　　在抖音中，大量口播类视频都采用定点录制人物的方式。录制时，通过人物面前固定的手机或相机完成。这种方式的好处在于一个人就可以操作，并且几乎不需要什么后期。

　　只要准备好文案，就可以快速制作出大量视频，如图 10-27 所示。

10.7.2 绿幕抠像变化场景

　　与前一种方式相比，由于采用了绿幕抠像的方式，因此人物的背景可以随着主题发生变化，适合于需要不断变换背景，以匹配视频讲解内容的创作者。但对

图 10-27

场地空间与布光、抠像技术有一定的要求，图 10-28 所示为录制环境。

10.7.3　携特色道具出镜

对于不希望真人出镜的创作者，可以使用一些道具，如图 10-29 中的超大"面具"，既可以起到不真人出镜的目的，又提高了辨识度。但需要强调的是，道具一定不能大众化，最好是自己设计并定制的。

图 10-28　　　　　　　　图 10-29

10.7.4　录屏视频

录屏视频即录制手机或平板的视频，这种视频创作门槛很低，适合于讲解手机游戏或者教学类内容，如图 10-30 和图 10-31 所示。前者为手机实录，后者为使用手机自带的录屏功能，或者计算机中的 OBS、抖音直播伴侣等软件录制完成。

如果可以人物出镜，结合"人物出镜定点录制"这种方式，并通过后期剪辑在一起，可以丰富画面变现。

图 10-30　　　　　　　　图 10-31

10.7.5　素材解读式视频

素材解读式视频采用网上下载视频素材、添加背景音乐与 AI 配音的方式创作而成。影视解说、动漫混剪等类型的账号多用此方式呈现，如图 10-32 所示。

此外，一些动物类短视频也通常以"解读"作为主要看点。创作者从网络上下载或自行拍摄动物视频，然后再配上有趣的"解读"，如图 10-33 所示，也可获得较高播放量。

10.7.6　"多镜头"视频录制

"多镜头"视频录制往往需要团队才能完成，拍摄前需要专业的脚本，拍摄过程中需要专业灯光、收音设备及相机，拍摄后，还需要做视频剪辑与配音、配乐。

图 10-32　　　　　　　　图 10-33

通过调整拍摄角度、景别，多镜头、多画面呈现内容。

大多数剧情类、美食类、萌宠类内容，都可以采用此种方式拍摄，如图 10-34 所示。

当然，如果创作者本身具有较强的脚本策划、内容创意与后期剪辑技能，也可以独自完成，3 个月涨粉千万的大号"张同学"就属于此类。

10.7.7　文字类呈现方式

在视频中只出现文字，也是抖音上很常见的一种内容呈现方式。无论是图 10-35 所示的为文字加一些动画和排版进行展示的效果，还是图 10-36 所示的仅通过静态画面进行展现的视频效果，只要内容被观众接受，同样可以获得较高的流量。

图 10-34

10.7.8　图文类呈现方式

"图文视频"是抖音目前正在大力推广的一种内容表现方式。

通过多张图片和相应的文字介绍，即可形成一个短视频。这种方式大大降低了创作技术难度，按照顺序排列图片即可，如图 10-37 所示。由于是抖音力推的表现形式，因此还有流量扶持，如图 10-38 所示。

图 10-35

图 10-36

图 10-37

图 10-38

10.7.9　漫画、动画呈现方式

即以漫画或动画的形式来表现内容，如图 10-39 和图 10-40 所示。

其中，漫画类视频由于有成熟的制作工具，如美册，难度不算太高。但动画类内容的制作成本与难度就相当高了。

需要注意的是，这类内容由于没有明确人设，所以要想变现存在一定的困难。

图 10-39　　　　　　　　　图 10-40

10.8　在抖音中发布图文内容

10.8.1　什么是抖音图文

抖音图文是一种只需要发图并编写配图文字，即可获得与视频相同推荐流量的内容创作形式，视觉效果类于自动翻页的 PPT。对于不擅于制作视频的内容创作者来说，抖音图文大大降低了创作门槛。

在抖音中搜索"抖音图文来了"，即可找到相关话题，如图 10-41 所示。

点击话题后，可以查看官方认可的示范视频，按同样的方式进行创作即可，如图 10-42 所示。

图 10-41　　　　　　　　　图 10-42

10.8.2　抖音图文的创作要点

抖音图文的形式特别适合于表现总结、展示类内容，如菜谱、拍摄技巧、常用化妆眉笔色号等内容。

因此，在创作时要注意以下几个要点。

（1）图片精美，且张数不少于 6 张，否则内容会略显单薄。

（2）一定要配上合适的背景音乐，以弥补画面动感不足的缺点。

（3）视频标题要尽量将内容干货写全，例如，图 10-43 所示的图文讲解的饼干制作配方，标题中用大量文字讲解了配方与制作方法。

（4）发布内容时，一定要加上话题"# 抖音图文来了"。因为在前期推广阶段，此类内容有流量扶持政策。

（5）如果要在图片上添加文字，一定要考虑阅读时的辨识性，例如，图 10-44 所示的图片上，文字就略显多了。

图 10-43

图 10-44

10.9 利用 4U 原则创作短视频标题及文案

10.9.1 什么是4U原则

4U 原则是由罗伯特·布莱在其畅销书《文案创作完全手册》里提出的，网络上许多"十万 +"的标题及爆火的视频脚本、话术，都是依据此原则创作出来的。

换言之，下面是以标题创作为例，但学习后，也可以应用在视频文案、直播话术方面。

4U 其实是 4 个以 U 字母开头的单词，其意义分别如下。

1. Unique（独特）

猎奇是人类的天性，无论在写脚本时还是在写标题时，如果能够有意无意地透露出与众不同的独特点，就很容易引起观众的好奇心，如图 10-45 所示。

例如，下面的标题。

（1）尘封 50 年的档案，首次独家曝光，XXX 事件的起因。

（2）很少开讲的阿里云首席设计师开发心得。

2. Ultra-specific（明确具体）

在信息大爆炸的时代，无论脚本还是标题，最好是能够在短时间内，就让受众明确所能获得的益处，从而减少他们的决策时间，降低决策成本。

图 10-45

列数字就是一个很好的方法，无论是脚本还是标题，都建议有明确的数字，如图 10-46 所示。

例如，下面的标题。

（1）这样存定期，每年能多得 15% 收益。

（2）视频打工人必须收藏的 25 个免费视频素材站。

（3）小心，这 9 个口头禅，被多数人认为不礼貌。

此外，明确具体还指无论是脚本还是标题，最好明确受众，即使目标群体明确感受到标题指的就是他们，视频就是专门为解决他们的实际问题拍摄的，如图 10-47 所示。

图 10-46   图 10-47

例如，下面的标题。

（1）饭后总是肚子涨，这样自测，就能准确知道原因。

（2）半年还没有找到合适的工作？不如学自媒体创业吧。

（3）还在喝自来水，没购买净水器吗？三年以后你会后悔。

3. Useful（实际益处）

如果能够在脚本或标题中呈现能够带给观众的确定性收益，就能够大幅提高视频完播率，如图 10-48 所示。

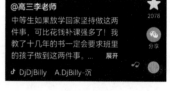

图 10-48

例如，下面的标题。

（1）转发文章，价值 398 元的课程，限时免费领取。

（2）从打工人到打工皇帝，他的职场心法全写在这本书里了。

（3）不必花钱提升带宽，一键加快 Windows 上网速度。

4. Urgent（紧迫性）

与获得相比，绝大多数人对失去更加恐惧，因此，如何能够在脚本或标题上表达出优惠、利益是限时限量的，就会让许多人产生紧迫性，从而打开视频或下单购买。

例如，下面的标题。

（1）2021 年北京积分落户，只有 10 天窗口期，一定要做对这几件事。

（2）本年度清库换季，只在今天直播间。

10.9.2　4U 原则创作实战技巧

懂得 4U 原则后，就可以灵活组合，创作出更容易打动人的视频标题及脚本。例如，可以考虑下面的组合方式。

（1）明确具体目标人群 + 问题场景化 + 解决方案实际益处。

（2）明确具体时间 + 目标人群 + 实际益处。

（3）稀缺性 + 紧迫性。

下面以第一种组合为例，通过带货除螨仪来展示一个口播型脚本主体内容。

家里有过敏性鼻炎小朋友的宝妈一定要看过来（明确具体目标人群）。

小朋友一旦过敏性可真是不好受，鼻涕一把一把流，晚上还总是睡不好，即便睡着，也都是用嘴巴呼吸（问题场景化）。

怎么办呢，只好辛苦当妈的经常晒被子，换床单，不过到了天气不好的季节，可就麻烦啊，没太阳啊（问题场景化）。

其实，大家真的可以试一下我们家这款刚获得 XXX 认证的 XXX 牌除螨仪，采用便携式设计，颜值高不说，还特别方便移动，最重要的是采用的是吸附作用进行除螨，效果杠杠滴。一张 1.8 米 ×2 米的大床，只要花 3 分钟就能够搞定（解决方案实际益处）。

因为，我们的仪器功率有 400W，口径大吸力强，还配有振动式拍打效果，可以将被褥深处的螨虫也拍出来，吸入尘盒。如图 10-49 所示。

图 10-49

10.10 用 SCQA 结构理论让文案更有逻辑性

10.10.1 什么是"结构化表达"

麦肯锡咨询顾问芭芭拉·明托在《金字塔原理》一书中，提出了一个"结构化表达"理论——SCQA 架构。利用这个架构，可以轻松地以清晰的逻辑结构把一件事说得更明白，如图 10-50 所示。

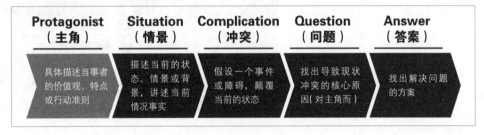

Protagonist（主角）	Situation（情景）	Complication（冲突）	Question（问题）	Answer（答案）
具体描述当事者的价值观、特点或行动准则	描述当前的状态、情景或背景，讲述当前情况事实	假设一个事件或障碍，颠覆当前的状态	找出导致现状冲突的核心原因（对主角而）	找出解决问题的方案

图 10-50

SCQA 其实是 4 个英文单词的缩写。

（1）S 即情境（Situation）。

（2）C 即冲突（Complication）。

（3）Q 即问题（Question）。

（4）A 即答案（Answer）。

利用这种结构说明一件事时，语言表现顺序通常是下面这样的。

S 情景陈述，代入大家都熟悉的事，让对方产生共鸣。

引出目前没有解决的（冲突）C。

抛出问题 Q，而且是根据前面的冲突，从对方的角度提出关切问题。

最后用 A 解答，给出解决文案，从而达到说服对方的目的。

10.10.2 如何使用SCQA结构理论组织语言

这个结构既可以用于撰写脚本文字，也可以用于主播在直播间介绍某一款产品，应用场景可谓非常广泛。

在具体使用时，既可以按 SCQA 的结构表达，也可以是 CSA，或者 QSCA 的结构，但无论是哪一种结构，都应该以 A 为结尾，从而达到宣传的目的。

下面列举几个使用这种结构撰写的文案。

案例一：配音课程

S 情境：经济下行，是不是突然发现，身边朋友都开始着手通过副业挣钱了。

C 冲突：不过，大多数人可能都一样，没什么启动资金、没有整块的时间，也没有副业项目。

A 答案：不妨来学习一下配音吧，可以接到不少有声书录制、短视频配音小活。

Q 问题：你可能担心自己的音色不够好，又没啥基础。

A 答案：其实不用担心，我的学员之前都是普通人，配音与你一样是零基础。现在也有不少一个月副业收入过万了。我有 15 年配音教学经验，能够确保你通过练习掌握配音技巧，赶紧点击头像来找我吧。

这个文案既可用于视频广告，如图 10-51 所示，也可以在修改后应用在直播间。

案例二：脱发治疗药品

C 冲突：哎哟，你脱发挺严重啊，再不注意一点，估计 35 岁就要秃头。

Q 问题：你是打算要面子，还是存票子啊？

S 情境：其实，治一下并不需要花多少钱。以后出门不用再这么麻烦戴假发了。

A 答案：我们这里有刚刚发布的最新研究成果，通过了国家认证，对治疗脱发有很好的疗效。

这个文案既可用于视频广告，也可以在修改后应用在直播间，如图 10-52 所示。

图 10-51

图 10-52

10.11 一键获得多个标题的技巧

无论是文字类媒体，还是视频类媒体，标题的重要性都是不言而喻的，对于创作新手来说，除了模仿其他优秀标题外，也必须要培养自己的标题创作感觉，要培养这样的能力，除了大量撰写标题外，还可以利用下面所讲述的方法，一键生成若干个标题，然后从中选择合适的。

（1）进入巨量创意网站 https://cc.oceanengine.com/，点击"工具箱"标签。再点击"脚本工具"按钮，如

图 10-53 所示。

（2）在页面中选择"行业"选项，在"关键词"搜索框中输入标题关键词，点击"生成"按钮，即可一键生成多条标题，如图 10-54 所示。

图 10-53

图 10-54

10.12 用软件快速生成标题

"逆象提词"是一款专门用于帮助视频创作者生成标题和提取文本的付费 App。

下载后点击"智能标题生成"按钮，如图 10-55 所示。

选择行业，并且输入关键词，点击"生成"按钮，如图 10-56 所示。

点击"换一批"按钮，则可以生成不同的标题，如图 10-57 和图 10-58 所示。

类似的付费 App 还有若干，值得大家尝试。

图 10-55   图 10-56

图 10-57   图 10-58

10.13 15 个拿来就能用的短视频标题模版

对于许多新手来说，可能一时之间无法熟练运用书中讲述的标题创作思路和技巧。

因此，可以考虑以下面列出来的 15 个模版为原型，修改其中的关键词，这样就能在短时间内创作出可用的标题，如果能够灵活组合运用这些模版，当然能起到更好的效果。

模版1：直击痛点型

例如，女人太强势婚姻真的会不幸福吗、特斯拉的制动是不是真的有问题、儿童早熟父母应该如何自查自纠，如图 10-59 所示。

图 10-59

模版2：共情共鸣型

例如，你的职场生涯是不是遇到了玻璃天花板、不爱你的人一点都不在意这些细节、你会对 10 年前的你说些什么。

模版3：年龄圈层型

例如，80 后的回忆里能看的动画只有这几部、90 后结婚率低是负责心更强了吗、如果取消老师的寒暑假会怎样，如图 10-60 所示。

图 10-60

模版4：怀疑肯定型

例如，为什么赢得世青杯的是他、北京的房价是不是跌到要出手的阶段了、码农的青春不会只配穿格子衫吧，如图 10-61 所示。

图 10-61

模版5：快速实现型

例如，仅需一键微信多占空间全部清空、泡脚时只要放这两种药材就能去除湿气、掌握这 2 种思路写作文案下笔如有神。

模版6：假设成立型

例如，如果生命只剩 3 天你最想做的事是什么、如果猫咪能说话你能说过它吗，如图 10-62 和图 10-63 所示。

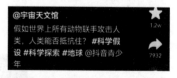

图 10-62

模版7：时间延续型

例如，这是我流浪西藏的第 200 天、这顿饭是我减肥以来吃下的第 86 顿、这是我第 55 次唱起这首歌。

模版8：必备技能型

例如，看懂易经你必须要知道的 8 个基础知识、玩转带混麻将你最好会这 5 个技巧、校招季面试一定要知道的必会心法。

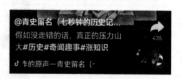

图 10-63

模版9：解决问题型

例如，解决面部油腻看这个视频就会了、不到 1 米 6 如何穿出大长腿、厨房油烟排不出去的 3 个解决方法，如图 10-64 所示。

图 10-64

模版10：自我检测型

例如，这 10 个问题能回答上来都是人中龙凤、会这 5 个技巧你就是车行老司机、智商过百都不一定能解对这个谜题。

模版11：独家揭秘型

例如，亲测好用的快速入睡方法、我家三世大厨的密制酱料配方、很老但很有用的老偏方。

模版12：征求答案型

例如，你能接受的彩礼钱是多少、年入 30 万应该买个什么车、留学的性价比现在还高吗，如图 10-65 所示。

图 10-65

模版13：绝对肯定型

例如，这个治疗鼻炎的小偏方特别管用、如果再让你选择一次职业一定不要忘记看看过来人的经验、这个小玩具不大但真的减压，如图 10-66 所示。

模版14：羊群效应型

例如，大部分油性皮肤的人都这样管理肤质、30 岁以下创业者大部分都上过这个财务课程。

图 10-66

模版15：罗列数字型

例如，中国 99 个 4A 级景区汇总、这道小学数学题 99.9% 的人解题思路是错的，如图 10-67 所示。

图 10-67

10.14 获取优秀视频文案的两种方法

10.14.1 在手机端提取优秀文案的方法

如果希望快速获得大量的短视频文案，然后再统一进行研究，建议使用"轻抖"小程序的"文案提取"功能。具体操作方法如下。

（1）进入抖音，点击目标短视频右下角的 ▲ 图标。

（2）在打开的界面中点击"复制链接"按钮。

（3）进入微信，搜索并进入"轻抖"小程序，并点击"文案提取"按钮。

（4）将复制的链接粘贴至地址栏，并点击"一键提取文案"按钮。

10.14.2 在PC端获取2万条文案的技巧

目前在 PC 端还没有专门通过链接提取视频文案的工具，但却有一个能够一次性获得海量文案的方法，具体操作步骤如下。

（1）进入巨量创意网站 https://cc.oceanengine.com/，点击"工具箱"标签，再点击"脚本工具"按钮，如图 10-68 所示。

图 10-68

（2）在"脚本工具"页面中，通过选择或搜索不同的领域、关键词，即可找到大量可供借鉴学习的脚本，如图 10-69 所示。

图 10-69

截至 2021 年 12 月 23 日，在这个页面上总共可以搜索到共 225240 条脚本文案，相信一定能够满足绝大部分创作者的需求。

10.15 同质文案误区

虽然，使用前面讲述的方法，可以快速采集对标账号视频的文案。但这些文案，绝对不可以直接照搬照套，这样的视频，不仅不利用树立账号的形象与人设，而且也很容易被抖音的大数据算法捕获。

抖音安全中心在 2022 年 1 月上线了"粉丝抹除""同质化内容黑库"两项功能，如图 10-70 所示。

当检查到如图 10-71 ～图 10-73 所示的同质化抄袭文案视频时，将通过这两项功能，将从账号上自动减除此视频吸引的粉丝，并对账号进行降权处理。

所以，如果感觉一个文案还不错，要对文案加以编辑润饰，最好是在理解后，利用自身的特色进行创新。

| 图 10-70 | 图 10-71 | 图 10-72 | 图 10-73 |

10.16 短视频音乐的两大类型

抖音短视频之所以让人着迷，一半是因为内容新颖别致，另一半则是由于有些视频有非常好听的背景音乐，有些视频有奇趣搞笑的音效铺垫。

想要理解音乐对于抖音的重要作用，一个简单的测试方式就是，看抖音时把手机调成静音模式，相信那些平时让人会心一笑的视频，瞬间会变得索然无味。

所以提升音乐素养是每一个内容创作者的必修课。

抖音短视频的音乐可以分为两类，一类是背景音乐，另一类是音效。

背景音乐又称伴乐、配乐，是指视频中用于调节气氛的一种音乐，能够增强情感的表达，达到一种让观众身临其境的感受。原本普通平淡的视频素材，如果配上恰当的背景音乐，充分利用音乐中的情绪感染力，就能让视频给人不一样的感觉。

例如，火爆的张同学的视频风格上粗犷简朴，但仍充满对生活的热望。这一特点与其使用男性奔放气质背景音乐 Aloha Heja He 契合度就很高。

使用剪映制作短视频时，可以直接选择各类音效，如图 10-74 所示。

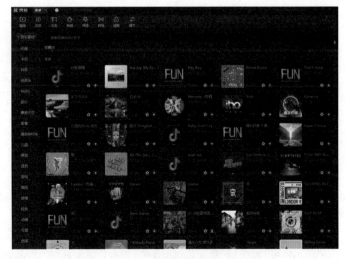

图 10-74

音效是指由声音所制造的效果，用于增进画面真实感、气氛或戏剧性效果，例如常见的快门声音、敲击声音，综艺节目中常用的爆笑声音等，都是常用的音效。

使用剪映制作短视频时，可以直接选择各类音效，如图 10-75 所示。

图 10-75

10.17 让背景音乐匹配视频的 4 个关键点

10.17.1 情绪匹配

如果视频主题是气氛轻松愉快的朋友聚会，背景的音乐显然不应该是比较悲伤或者太过激昂的音乐，而应该是轻松愉快的钢琴曲或者流行音乐，如图 10-76 所示。在情绪的匹配方面，大部分创作者其实都不会出现明显的失误。

这里的误区在于有一些音乐具有多重情绪，至于会激发听众哪一种情绪，取决于听众当时的心情。所以对于这一类音乐，如果没有较高把握，应该避免使用，多使用那种情绪倾向非常明确的背景音乐。

图 10-76

10.17.2 节奏匹配

所有的音乐都有非常明显的节奏和旋律，在为视频匹配音乐时，最好通过选择或者后期剪辑的技术，使音乐的节奏与视频画面的运镜或镜头切换节奏相匹配。

这方面最典型的案例就是在抖音上火爆的卡点短视频，所有能够火爆的卡点短视频，都能够使视频画面完美匹配音乐节奏，随着音乐变化切换视频画面。图 10-77 所示为可以直接使用的剪映卡点模板视频。

10.17.3 高潮匹配

几乎每一首音乐都有旋律上的高潮部分，在选择背景音乐时，如果音乐时长远超视频时长。那么，如果从头播放音乐，则音乐还没有播放到最好听的高潮部分，

图 10-77

视频就结束了。这样显然就起不到用背景音乐为视频增光添彩的作用，所以在这种情况下要对音乐进行截取，以使音乐最精华的高潮部分与视频的转折部分相匹配。

10.17.4 风格匹配

背景音乐的风格要匹配视频的时代感，例如一个无论是场景还是出镜人物都非常时尚的短视频，显然不应该用古风背景音乐。

古风类视频与古风背景音乐显然更加协调，如图 10-78 所示。

图 10-78

10.18 为短视频配音的 4 个方法

以电影解说为代表的许多视频都需要专业的配音解说，这一工作可以由专业的配音员完成，也可以由计算机 AI 技术专业的软件完成，尤其是后者有价格实惠、音色多变、质量高的优点，下面讲解包括自己录制配音在内的常用配音方法。

10.18.1 用剪映"录音"功能配音

通过剪映的"录音"功能，可以通过录制人声为视频进行配音，具体方法如下。

（1）如果在前期录制视频时录下了一些杂音，那么在配音之前，需要先将原视频声音关闭，否则会影响配音效果。

选中待配音的视频后，点击界面下方"音量"按钮，并将其调整为 0，如图 10-79 所示。

（2）单击界面下方"音频"按钮，并选择"录音"功能，如图 10-80 所示。

图 10-79

图 10-80

（3）"按住"界面下方的红色按钮，即可开始录音，如图 10-81 所示。

（4）"松开"红色按钮，即完成录音，其音轨如图 10-82 所示。

10.18.2　用剪映实现AI配音

许多人刷抖音教学类、搞笑类、影视解说类视频时，总是听到熟悉的女声或男声，这个声音其实就是通过前面讲述的 AI 配音功能获得的，下面讲解如何使用剪映获得此类配音。

（1）选中已经添加好的文本轨道，点击界面下方"文本朗读"按钮，如图 10-83 所示。

（2）在弹出的选项中，即可选择喜欢的音色，如选择"小姐姐"音色，如图 10-84 所示。简单两步，视频就会自动出现所选文本的语音。

（3）利用同样的方法，即可让其他文本轨道也自动生成语音。

（4）此时会出现一个问题，相互重叠的文本轨道导出的语音也会互相重叠。此时切记不要调节文本轨道，而是要点击界面下方"音频"按钮，可以看到已经导出的各条"语音"轨道，如图 10-85 所示。

图 10-81

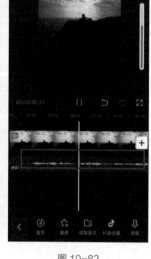

图 10-82

图 10-83

图 10-84

图 10-85

（5）只需要让"语音"轨道彼此错开，不要重叠，就可以解决语音相互重叠的问题，如图 10-86 所示。

（6）如果希望实现视频中没有文字，但依然有"小姐姐"音色的语音，可以在生成语音后，将相应的文本轨道删除，或者生成语音后，选中文本轨道，点击"样式"按钮，并将"透明度"设置为 0 即可，如图 10-87 所示。

图 10-86

图 10-87

10.18.3 使用AI配音网站配音

进入讯飞配音、牛片网、百度语音开放平台等网站，也可以实现根据输入的文本内容，生成 AI 语音的功能，具体方法如下。

图 10-88

（1）以"牛片网"为例，进入该网站 https://www.6pian.cn/，点击"在线配音"菜单，如图 10-88 所示。

（2）设置所需配音的类型，如图 10-89 所示。此处设置得越详细，就越容易找到满足需求的语音。

图 10-89

（3）将光标悬停在某种配音效果上，点击▶图标即可进行试听。若要选择该配音，点击"做同款"按钮即可，如图 10-90 所示。

（4）输入"配音文案"后，可调整语速。

需要注意的是，语速增加过多可能导致声音出现变化，所以务必点击界面下方的▶图标进行试听，确认无误后，再点击"提交配音"按钮，如图 10-91 所示。

图 10-90

（5）配音完毕后，下载"干音 -MP3"即可得到配音音频文件。

（6）打开 PC 端剪映专业版，依次点击"音频""音频提取""导入"按钮，将刚下载的 MP3 文件导入即可。

10.18.4 使用AI配音程序配音

还有一些软件或者小程序也可以实现"配音"的目的，下面介绍 3 款。

图 10-91

1. AI配音专家软件

这款软件支持 Windows 和 Mac 双系统，目前包含 40 多种配音效果，如图 **10-92** 所示，同时还内置了数十款背景音，可以让用户有更多的选择。

前往"脚本之家"网站，搜索"AI 配音专家"进行下载即可。

图 10-92

2. 智能识别软件

该款软件仅支持 Windows 系统，无须安装，解压后即可使用。

其中有小部分配音是免费的，其余则需付费使用。该软件包含 100 多种发音，如图 **10-93** 所示。

3. 配音神器pro小程序

微信搜索"配音神器 pro"小程序。进入后点击"制作配音"按钮，即可输入文本并选择近百种语音，如图 **10-94** 所示。

图 10-93

图 10-94

10.19 用抖音话题增加曝光率

10.19.1 什么是话题

在抖音视频标题中，＃符号后面的文字被称为话题，其作用是便于抖音归类视频，并便于观众在点击话题后，快速浏览同类话题视频。图 10-95 所示的标题中含有健身话题。

所以，话题的核心作用是分类。

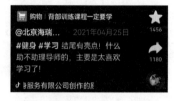

图 10-95

10.19.2 为什么要添加话题

添加话题有以下两个好处。

（1）便于抖音精准推送视频，由于话题是比较重要的关键词，因此，抖音会依据视频标题中的话题，将其推送给浏览过此类话题的人群。

（2）便于获得搜索浏览，当观众在抖音中搜索某一个话题时，添加此话题的视频均会显示在视频列表中，如图 10-96 所示。如果在这个话题下自己的视频较为优质，就会出现在排名较靠前的位置，从而获得曝光机会。

图 10-96

10.19.3 如何添加话题

在手机端与 PC 端均可添加话题。两者的区别是，在 PC 端添加话题时，系统推荐的话题更多、信息更全面，这与手机屏幕较小、显示太多信息会干扰发布视频的操作有一定关系，所以下面以 PC 端为主讲解发布视频添加话题的相关操作。

（1）在 PC 端抖音创作服务平台上传一个视频后，抖音会根据视频中的字幕与声音自动推荐若干个标题，如图 10-97 所示。

图 10-97

（2）由于推荐的话题大多数情况下不够精准，所以可以输入视频的关键词，以查看更多推荐话题，如图 10-98 所示。

（3）可以在标题中添加多个话题，但要注意每个话题均会占用标题文字数量。图 10-99 所示的几个话题占用了 58 个字符。

图 10-98

10.19.4　话题选择技巧

在添加话题时，不建议选择播放量已经十分巨大的话题。除非对自己的视频质量有十足信心。

播放量巨大的话题，意味着与此相关的视频数量极为庞大，即使有观众通过搜索找到了话题，看到自己视频的概率也比较小。因此，不如选择播放量级还在数十万或数万的话题，以增加曝光概率。

例如，在本例中"静物摄影"的播放量已达 1.3 亿，因此不如选择"静物拍摄"话题，如图 10-100 所示。

图 10-99　　　　　　　　　　　　　　　　图 10-100

10.19.5　话题创建技巧

虽然抖音上的内容已经极其丰富，但仍然存在大量空白话题，因此可以创建与自己视频内容相关的话题。

例如，编者创建了一个"相机视频说明书"话题，并在每次发布相关视频时，都添加此话题，经过半个月的运营，话题播放量达到了近 140 万，如图 10-101 所示。

同理，还可以通过地域 + 行业的形式创建话题，并通过不断发布视频，使话题成为当地用户的一个搜索入口，如图 10-102 所示。

图 10-101　　　　　　　　　　　　　　图 10-102

10.20 制作视频封面的 4 个关键点

10.20.1 充分认识封面的作用

一个典型粉丝的关注路径是，看到视频——点击头像打开主页——查看账号简介——查看视频列表——点击关注。

在这个操作路径中，主页装修质量在很大程度上决定了粉丝是否要关注此账号，因此，每一个创作者都必须格外注意自己视频的封面在主页上的呈现效果。

整洁美观是最低要求，如图 10-103 所示，如果能够给人个性化的独特感受则更是加分项。

图 10-103

10.20.2 抖音封面的尺寸

如果视频是横画幅，则对应的封面尺寸最好是 1920×1080 像素。如果是竖画幅，则应该是 1080×1920 像素。

10.20.3 封面的动静类型

1. 动态封面

如果在手机端发布短视频，点击"编辑封面"按钮后，可以在视频现有画面中进行选择，如图 10-104 所示，生成动态封面。

这种封面会使主页显得非常凌乱，不推荐使用。

图 10-104

2. 静止封面

如果通过 PC 端的"抖音创作服务平台"进行视频上传，则可以通过上传封面的方法制作出风格独特或有个人头像的封面，这样的封面有利于塑造个人 IP 形象，如图 10-105 所示。

10.20.4 封面的文字标题

在前两个示例中，封面均有整齐的文字标题，但实际上，并不是所有的抖音视频都需要在封面上设计标题。对于一些记录生活搞笑片段内容的账号，或以直播为主的抖音账号，如罗永浩，其主页的视频大多数都没有文字标题。

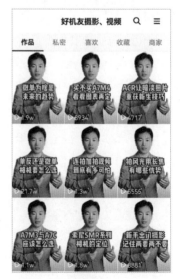

图 10-105

10.20.5　如何制作个性封面

　　有设计能力的创作者，除可使用 Photoshop 外，还可以考虑使用类似稿定设计（https://www.gaoding.com/）、创客贴（https://www.chuangkit.com/）、包图网（https://ibaotu.com/）等可提供设计源文件的网站，通过修改设计源文件制作出个性封面。

掌握视频运营
技巧并快速涨粉

11.1 视频平台考核视频数据的底层逻辑

11.1.1 为什么要考核视频数据

图 11-1

当前有众多视频平台，如图 11-1 所示，视频平台相互竞争激烈，如果想要获得良性发展，各视频平台就必须保证有观众喜欢看的视频，而判断观众是否喜欢看创作者的视频，一个简单有效的方法，就是查看视频的点赞、转发、评论、弹幕等数据。好的、受观众喜欢的视频，这些数据必然也很高。

因此，视频平台需要通过考核一个视频的数据，来判断是否要给此视频更多推荐流量。

11.1.2 什么是视频互动率

图 11-2

视频互动率是指一个视频的完播率，以及评论、点赞和转发数值。这些数据反馈出了观众对于视频的喜好程度，以及与视频创作者的互动频次。

最直观的体现就是视频播放界面显示出来的各项数字，如图 11-2 所示。很显然像这样点赞量达到 223.5 万的视频，一定是一个播放量达到数千万的爆款视频，而一个新手发布的视频，各项数据基本上都在 200 ~ 500 左右。

所以，通过分析视频互动数据，各个视频的质量高下立判。

11.2 视频平台运营策略共通性

各视频平台都要依靠视频的数据来判断视频的优劣，而这些数据基本上就是完播率、点赞率、评论率、弹幕数量、转发数量、视频吸粉数量等。因此，无论是在哪一个平台，创作者都要针对这些数据来优化创作思路与运营手法。

本章虽然在讲解运营方法时，主要针对的是当前主流短视频平台——抖音，但其实运营细节，如封面、标题、话题、提高评论率的方法、创建合集、选择视频发布时间等，也完全可以套用在 B 站及西瓜视频平台。

当然，由于各个视频平台的用户群体、创作管理后台不完全相同，在细节上还是有一定区别，因此，创作者在学习及实践时，也要注意总结同样的运营方法，在不同平台产生的效果差异。

11.3 用这 4 个方法提升视频完播率

11.3.1 认识短视频完播率

一个视频如果想获得更多流量，必须关注"完播率"数据指标，那么什么是"完播率"呢？

如果直接说"某个视频的完播率"，就是指"看完"这个视频的人占所有"看到"这个视频的人的比值。

但随着短视频运营的精细化，关注不同时间点的"完播率"其实更为重要，如"5 秒完播率""10 秒完播率"等。

将一个视频所有时间点的完播率汇总起来后，就会形成一条曲线，即"完播率曲线"。点击曲线上的不同位置，就可以显示出当前时间点的"完播率"，即"看到该时间点的观众占所有观众的百分比"，如图 11-3 所示。例如一个视频，到了 30 秒还有 90% 人在看，30 秒的完播率就是 90%；到了 60 秒还有 40% 的人在看，那么 60 秒的完播率就是 40%。

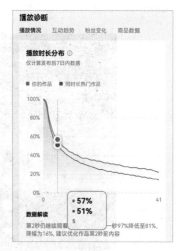

图 11-3

如果该视频的"完播率曲线（你的作品）"整体处于"同时长热门作品"的完播率曲线（蓝色）上方，则证明这条视频比大多数的热门视频都更受欢迎，自然也会获得更多的流量倾斜。相反，如果该曲线处于蓝色曲线下方，则证明完播率较低，需要找到完播率大幅降低的时间点，并对内容进行改良，争取留住观众，整体提升完播率曲线。

下面介绍 4 种提高视频完播率的方法。

11.3.2 缩短视频

对于抖音而言，视频时间长短并不是视频是否优质的判断指标，长视频也可能是"注了水"的，而短视频也可能是满满的"干货"，所以视频长短对于平台来说没有意义，完播率对平台来说才是比较重要的判断依据。

在创作视频时，10 秒钟能够讲清楚的事情，能够表现清楚的情节，绝对不要拖成 12 秒，哪怕多一秒钟，完播率数据也可能会下降一个百分点。

抖音刚刚上线时，视频最长只有 15 秒，但即使是 15 秒的时间，也成就了许多视频大号，因此 15 秒其实就是许多类视频的最长时长，甚至很多爆款视频的时长只有 7 ~ 8 秒。

如图 11-4 所示，这是一个通过吸引观众玩游戏来获得收益的视频，其时长只有 8 秒，力求通过最短的时间展现出游戏的趣味。

当然对于很多类型的视频而言，如教程类或知识分享类，可能在一分钟之内无法完成整个教学，那么提升完播率对于这类视频来说可能会相对困难一些。

但是也并非完全没有方法，例如很多视频会采取这样的方法，即在视频的最

图 11-4

开始采用口头表达的方法告诉观看的粉丝，在视频的中间及最后会有一些福利赠送给大家，这些福利基本上都是一些可以在网上搜索到的资料，也就是说零成本，用这个方法吸引粉丝看到最后，如图 11-5 所示。

也可以将长视频分割成 2 ~ 3 段，在剪映中通过"分割"工具即可实现，如图 11-6 所示。当然，每一段都要增加前情回顾或未完待续。

另一个方法就是在开头时要告诉观众，一共要讲几个点，如果的确是干货，观众就会等着把创作者的内容全部看完，如图 11-7 所示。

同时在画面中也可以有数据体现，例如一共要分享 6 个点，就在屏幕上面分成 6 行，然后用数字从 1 写到 6。每讲一个点，就把内容填充到对应的数字后面。

图 11-5

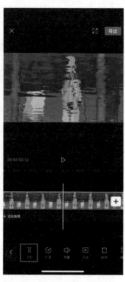
图 11-6

图 11-7

11.3.3 因果倒置

所谓因果倒置，其实就是倒叙，这种表述方法无论是在短视频创作还是大电影的创作过程中都十分常见。

例如，在很多电影中经常看到，刚开始就是一个非常紧张的情节，例如某个人被袭击，然后采取字幕的方式将时间向回调几年或某一段时间，再从头开始讲述这件事情的来龙去脉。

在创作短视频时，其实也是同样的道理。短视频刚开始时先抛出结果，图 11-8 所示的"一条视频卖出快 200 万的货，抖音电商太强大了"，把这个结果（或效果）表述清楚以后，充分调动粉丝的好奇心，然后再从头讲述。

因此，在创作视频时，有一句话是"生死 3 秒钟"，也就是说在 3 秒钟之内，如果没有抓住粉丝关注力，没有吸引到粉丝的注意力，那么这个粉丝就会向上或者向下滑屏，跳转到另外一个视频。

所以在 3 秒钟之内一定要把结果抛出来，或者提出一个问题，如"大家在炒鸡蛋时，鸡蛋总是有股腥味儿，怎样才能用最简单的方法去除这股腥味儿？"这就是一个悬疑式的问题，如果观众对这个话题比较感兴趣，就一定会往下继续观看。

图 11-8

11.3.4 将标题写满

很多粉丝在观看视频时，并不会只关注画面，也会阅读这个视频的标题，从而了解这个视频究竟讲了哪些内容。

标题越短，粉丝阅读标题时所花费的时间就越少，反之标题如果被写满了所有的字数，那么就能够拖延粉丝，此时如果制作的视频本身就不长，只有几秒钟时间，那么粉丝阅读完标题后，可能这个视频就已经播完了，采用这种方法也能够大幅度提高完播率，如图 11-9 所示。

图 11-9

11.3.5 表现新颖

无论是现在正在听的故事还是看的电影，里面发生的事情在其他的故事和电影中都已经发生过了。

那么为什么人们还会去听这些新的故事，看这些新的电影呢？就是因为他们的画面表现风格是新颖的。

所以在创作一个短视频时，一定要思考是否能够运用更新鲜的表现手法或者画面创意来提高视频完播率。

图 11-10 所示即为通过一种新奇的方式来自拍，自然会吸引观众进行观看。

当然，也不要将注意力完全聚焦在画面的表现形式上，有时用一个当前火爆的背景音乐也能提高视频的完播率。

在这方面电影行业已经有非常典型的案例，即"满城尽带黄金甲"，这个电影的片尾曲用的是周杰伦演唱的《菊花台》，以往电影结束时，只要字幕开始上升，大部分观众基本上就会离开观众席。但是这部电影当片尾曲响起来时，绝大部分观众还安静地坐在观众席上，直到播放完这首歌曲才离开。

图 11-10

11.4 用这 8 个技巧提升视频评论率

11.4.1 认识短视频评论率

视频的评论率是指视频发布以后，有多少粉丝愿意在评论区进行评论交流。

一个视频的评论区越活跃，意味着视频对于粉丝的黏性越高，从短视频平台层面来判断，这样的视频就是优质视频，因此就会被平台推荐给更多粉丝。

那么如何去提高视频的评论率呢？下面分享 8 种方法。

11.4.2　用观点引发讨论

　　这种方法是指在视频中提出观点，引导粉丝进行评论。例如可以在视频中这样说，"关于某某某问题，我的看法是这样子的，不知道大家有没有什么别的看法，欢迎在评论区与我进行互动交流"。

　　在这里要衡量自己带出的观点或者自己准备的那些评论是否能够引起讨论。例如在摄影行业里，大家经常会争论摄影前期和后期哪个更重要，那么以此为主题做一期视频，必定会有很多观众进行评论，如图 11-11 所示。

　　又例如，佳能相机是否就比尼康好，索尼的摄影视频拍摄功能是否就比佳能强大？去亲戚家拜访能否空着手？女方是否应该收彩礼钱？结婚是不是一定要先有房子？中美基础教育谁更强？这些问题首先是关注度很高，其次本身也没有什么特别标准的答案，因此能够引起大家的广泛讨论。

图 11-11

11.4.3　利用神评论引发讨论

　　首先自己准备几条神评，当视频发布一段时间后，利用自己的小号发布这些神评论，引导其他粉丝在这些评论下进行跟帖交流。图 11-12 所示的评论获得了 10.3W 点赞，图 11-13 所示的评论获得了 58.4W 点赞。

图 11-12

图 11-13

11.4.4　评论区开玩笑

　　评论区开玩笑即在评论区通过故意说错或者算错，引发粉丝在评论区进行追评。

　　如图 11-14 和图 11-15 所示的评论区，创作者发表了"100×500=50 万"的评论，引发了大量追评。

图 11-14　　　　　　　　　　　图 11-15

11.4.5　卖个破绽诱发讨论

另外，也可以在视频中故意留下一些破绽，例如故意拿错什么，故意说错什么，或者故意做错什么，从而留下一些能够吐槽的点。

因为绝大部分粉丝都以能够为视频纠错而感到自豪，这是证明他们能力的一个好机会。当然，这些破绽不能影响视频主体的质量，包括 IP 人设。

如图 11-16 所示的视频，由于透视问题引起了很多观众的讨论。

图 11-17 所示的视频是主播故意将"直播间"说成了"直间播"，引发粉丝在评论区讨论。

图 11-16　　　　　　　　　　　图 11-17

11.4.6　在评论区问个问题

可以在视频评论区内问一个大家感觉有意思的问题，这个问题甚至可以与视频的内容完全无关。

图 11-18 所示的视频是一个销售玩具的带货视频，创作者在评论区问的问题是"三个字证明你是哪个省的，不许出现地名"。

这个问题完全与视频无关，但得到了非常多回复，如图 11-19 所示。

而作者也基本做到了一一回复，正是这种有趣的问题，以及有来有往的回复，使这个视频获得了 1412 条评论，不可谓不多。

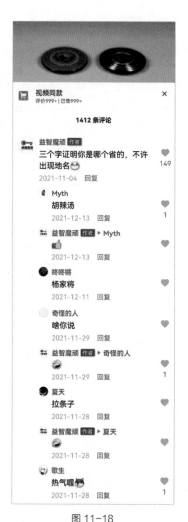

图 11-18

图 11-19

11.4.7　在视频里引导评论分享

在视频里引导评论分享，即在视频里通过语言或文字引导粉丝将视频分享给自己的好友观看。

图 11-20 和图 11-21 所示为一个美容灯的视频评论区，可以看到大量粉丝 @ 自己的好友。

这个视频也因此获得了高达 4782 条评论、19W 点赞与 4386 次转发，数据可谓爆表。

图 11-20

图 11-21

11.4.8 评论区发"暗号"

评论区发"暗号"即在视频里通过语言或文字引导粉丝在评论区留下暗号，如图 11-22 所示的视频，其要求粉丝在评论区留下软件名称"暗号"。

图 11-23 所示为粉丝在评论区发的"暗号"，使用此方法不仅获得了大量评论，而且还收集了后续可针对性精准营销相关课程的用户信息，可谓一举两得。

图 11-22

图 11-23

11.4.9 在评论区刷屏

创作者也可以在评论区内发布多条评论，如图 11-24 所示。

这种方法有以下几个好处。

首先，自己发布多条评论后，在视频浏览页面，评论数就不再是 0，具有吸引粉丝点击评论区的作用。

其次，发布评论时要针对不同的人群进行撰写，以覆盖更广泛的人群。

最后，可以在评论区写下在视频中不方便表达的销售或联系信息，如图 11-25 所示。

图 11-24

图 11-25

11.5 用这 4 个方法提高视频点赞量

11.5.1 认识短视频点赞量

在抖音中所有被点赞的视频，都可以通过点击右下角的"我"按钮，然后点击"喜欢"按钮重新找到此视频并再次观看，也就是起到了一个收藏的作用，如图 11-26 和图 11-27 所示。

所以对于平台而言，点赞量越高的视频代表其价值越大，值得向更多的人推荐。

要提高视频的点赞量，需要从用户的角度去分析点赞行为的背后原因，并由此出发调整视频创作方向、细节及运营方案。

从大的层面去分析点赞量，其背后基本有 4 大原因，下面一一进行分析。

图 11-26　　　　　　　　图 11-27

11.5.2 让观众有"反复观看"的需求

点赞这种行为有可能是为了方便自己再次去观看这个视频，此时点赞起到了收藏的作用。

那么什么样的视频才值得被收藏呢？一定是对自己有用的。

这类视频往往是干货类，能够告诉大家一个道理，或者说是一个技术、一种诀窍、一个知识，能够解决大家已经碰到的问题或者可能会碰到的问题。

例如编者专注的领域之一是自媒体运营、视频拍摄、摄影及后期制作，因此在这些领域收集了很多小诀窍，图 11-28 所示即为一个视频后期技巧。

所以要想提高视频的点赞率，所拍摄的视频必须要解决问题，而且要解决的是大家可能都会碰到的共性问题。

例如，北方人都非常喜欢吃面食，在很多美食大号里，制作香辣可口的重庆小面的视频点赞率都非常高，就是因为这类视频解决了北方人的一个问题。

所以在创作视频之初，一定要将每一个视频的核心点提炼出来，写到纸上并围绕这个点来拍视频。

也就是在拍视频之前，一定要问自己一个问题，这个视频解决了哪些人的什么问题。

图 11-28

11.5.3 认可与鼓励

点赞这种行为，除了为自己收藏那些现在或者以后可能会用到的知识和素材，也是观众对于视频内容的认可与鼓励。

这种视频往往是弘扬正能量的一种视频，例如在 2020 年的疫情期间，全国各地都涌现出了一批可歌可泣、感人至深的英雄事迹。

以钟南山院士为例，只要短视频中涉及了钟南山院士，点赞量都非常高，所以这其实是一种态度、一种认可，如图 11-29 所示。

这就提醒创作者在创作这类短视频时，一定要问自己一个问题，就是这个视频弘扬的是什么样的正能量。

图 11-29

11.5.4 情感认同

还有一种点赞的原因是情感认同，无论这个视频表现出来的情绪是慷慨激昂、热血沸腾，还是低沉忧郁、孤独寂寞，只要观看这个视频的粉丝的心情恰好与自己的视频基本相同，那么这个粉丝自然会去点赞，如图 11-30 所示。

所以，应该在每一个节日、每一个重大事件出现时，发布那些与节日、事件气氛情绪相契合的视频。例如，在春节要发布喜庆的，在清明节要发布缠绵的、阴郁的，在情人节要发布甜蜜的，而在儿童节要发布活泼欢快的。

无论是正面的情绪还是负面的情绪，都是比较好的切入点。

图 11-30

11.5.5 强烈提醒

在每一个视频的开头或最后都应该提醒粉丝要关注、留言、转发、点赞，实践证明，有这句话比没有这句话的点赞量和关注率会提高很多，如图 11-31 所示。

比较常用的文案是"大家赶紧点赞，收藏这个视频，以免刷着刷着视频找不到了"。

图 11-31

11.6 利用疯传 5 大原则提升视频转发率

11.6.1 什么是视频流量的发动机

任何一个平台的任何自媒体内容，要获得巨量传播，观众的转发可以说是非常重要的助推因素，是内容流量的发动机。

例如，对于以文章为主要载体的公众号来说，阅读者是否会将文章转发到朋友圈，会决定这个公众号的文章是否能获得"10 万 +"，涨粉速度是否快。

对于以视频为载体的抖音平台来说，观众是否在视频评论区 @ 好友来观看，是否下载这个视频转发给朋友，会决定视频获得更多流量，被更多人看见。

所以，单纯从传播数据来看，自媒体内容优化标题、内容、封面的根本出发点之一就是获得更高的转发量。

11.6.2 什么决定了转发量

为什么有些视频转发量很高，有些视频没几个人转发？这个问题的答案是，媒体"内容"本身造成转发量有天壤之别。

无论出于什么样的目的，被转发的永远是内容本身，所以，每一个媒体创作者在构思内容、创作脚本时，无论是以短视频为载体，还是以文字为载体，都要先问自己一个问题，如果自己是读者，是否会把这个视频（这篇文章）转发到自己的朋友圈，推荐给自己的同事或亲朋好友。

只有在得到肯定的答案后，才值得花更多时间去深度创作。

11.6.3 大众更愿意转发什么样的内容

除了抒发自己的所思所想，每一个创作者创作的内容都是为别人创作的，因此，必须要考虑这些人是否会转发自己的内容，以及创作什么样的内容别人才更愿意转发。

关于这个问题的答案，在不同的时代及社会背景下可能会有所不同。但却有一些基本的共同原则，沃顿商学院的教授乔纳·伯杰在他的图书《疯传》中进行了列举，依据这些原则来创作内容，大概率能获得更高的传播率。

1. 让内容成为社交货币

如果将朋友圈当成社交货币交易市场，那么每个人分享的事、图片、文章、评论都会成为衡量这个社交货币价值的重要参数。朋友们能够通过这个参数，对这个人的教养、才识、财富、阶层进行评估，继而得出彼此之间的一种对比关系。

这也是为什么社会上有各种组团 AA 制，在各大酒店拍照、拍视频的"名媛"。

又例如，当用户分享的视频内容是"看看那些被塑料袋缠绕而变得畸形的海龟，锁住喉咙的海鸟，这都是人类一手造成的。从我做起，不用塑料袋"。大家就会认为你富有爱心，有环保意识。

当你不断分享豪车、名包时，大家在认为你有钱的同时，也会认为你的格调不高。

所以，当粉丝看到我们创作的内容，并判断在分享了这些内容后，能让别人觉得自己更优秀、与众不同，那么这类内容选题就是值得挖掘的。

2. 让内容有情绪

有感染力的内容经常能够激发人们的即时情绪，这样的内容不仅会被大范围谈论，更会被大范围传播，所以需要通过一些情绪事件来激发人们分享的欲望。

研究表明，如果短视频有惊奇、兴奋、幽默、愤怒、焦虑 5 种强烈的情绪，都比较容易引起转发。

这其中比较明显的是"幽默"情绪，在任何短视频平台，一个能让人会心一笑的幽默短视频，比其他类型的短视频至少高 35% 的转发率。

所以，在所有短视频平台，除了政府大号，幽默搞笑垂直细分类型的账号粉丝量最高。

但是需要注意的是，这类账号的变现能力并不强。

3. 让内容有正能量

国内所有短视频平台对视频的引导方向都是正向的，例如，抖音的宣传口号就是"记录美好生活"，所以，正能量内容的视频更容易获得平台的支持与粉丝的认可。

例如，2021 年大量有关于鸿星尔克的短视频，轻松就能获得几十万，甚至过百万的点赞与海量转发，如图 11-32 所示，就是因为这样的视频具有积极的正能量。

图 11-32

图 11-33

4. 让内容有实用价值

"这样教育出来的孩子，长大了也会成为巨婴""如果重度失眠，不妨听听这三首歌，相信很快就会入睡"看到这样的短视频内容，是不是也想马上转给身边的朋友？要想提高转发率，一个常用的方法就是视频要讲干货。

5. 让内容有普世价值

普世价值泛指那些不分地域，超越宗教、国家、民族，任何有良知与理性的人，都认同的理念。例如爱、奉献、不能恃强凌弱等。

招商银行曾经发布了一条名为"世界再大，大不过一盘番茄炒蛋"的视频，获得过亿播放与评审团大奖，如图 11-33 所示，就是因为这条视频有普世价值。视频的内容是一位留学生初到美国，参加一个聚会，每个人都要做一个菜。他选了最简单的番茄炒蛋，但还是搞不定，于是向远在中国的父母求助，父母拍了做番茄炒蛋的视频指导他，下午的聚会很成功。他突然意识到，现在是中国的凌晨，父母为了自己，深夜起床，进厨房做菜。

很多人都被这条视频打动，留言区一片哭泣的表情符号。

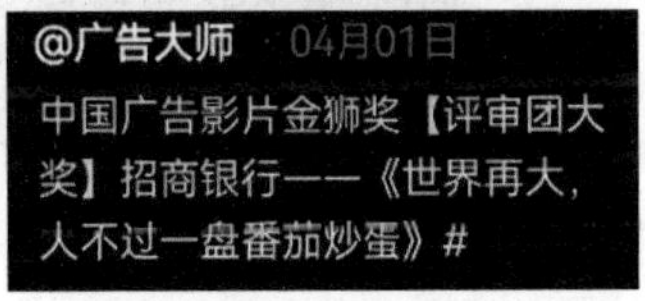

11.7 发布短视频的操作细节

短视频制作完成后，就可以发布了。作为短视频制作的最后一个环节，千万不要以为点击"发布"按钮后就万事大吉了。发布内容的时间、发布规律，以及是否 @ 了关键账号，都对视频的热度有很大影响。

11.7.1　将@抖音小助手作为习惯

"抖音小助手"是抖音官方账号之一，专门负责评选关注度较高的热点短视频。而被其选中的视频均会出现在每周一期的"热点大事件"中。所以，将发布的每一条视频后面都 @ 抖音小助手，可以增加被抖音官方发现的几率，一旦被推荐到官方平台，上热门的几率将大大提高，如图 11-34 所示。

即便没有被官方选中，多看看"热点大事件"中的内容，也可以从大量热点视频中学到一些经验。

另外，"抖音小助手"这个官方账号还会不定期地发布一些短视频制作技巧，创作者可以从中学到不少干货。

下面讲解 @ 抖音小助手的具体操作步骤。

（1）搜索"抖音小助手"账号并关注，如图 11-35 所示。

（2）选择自己需要发布的视频后，点击"@ 好友"按钮，如图 11-36 所示。

（3）在好友列表中找到或直接搜索"抖音小助手"，如图 11-37 所示。

（4）@ 抖音小助手成功后，其将以黄色字体出现在标题栏中，如图 11-38 所示。

图 11-34

图 11-35

图 11-36

图 11-37

图 11-38

11.7.2　发布短视频时"蹭热点"的两个技巧

不但制作短视频内容时要紧贴热点，在发布视频时也有两个蹭热点的小技巧。

1.@热点相关的人或官方账号

前面已经提到，@ 抖音小助手可以参与每周热点视频的评选，一旦被选中即可增加流量。类似的，如果为某个视频投放了 DOU+，还可以 @DOU+ 小助手，如果视频足够精彩，还有可能获得额外流量，如图 11-39 所示。

虽然在大多数情况下，@ 某个人主要是提醒其观看这个视频。但 @ 了一位热点人物时，证明该视频与这位热点人物是有相关性的，从而借用人物的热度来提高视频的流量，也是一种常用方法。

图 11-39

2. 参与相关话题

所有视频都会有所属的领域，因此参与相关话题的操作几乎是每个视频在发布时都必做的操作。

例如一个山地车速降的视频，那么其参与的话题可以是"山地车""速降""极限运动"等，如图 11-40 所示；而一个做摄影教学视频的抖音号，其参与的话题可以是"摄影""手机摄影""摄影教学"等，如图 11-41 所示。

如果不知道自己的视频参与什么话题能够吸引更多的流量，可以参考同类高点赞视频所参与的话题。

参与话题的方式也非常简单，只需要在标题撰写界面点击"# 话题"按钮，然后输入要参与的话题即可。

当然，话题也可以更具体一些，如最近人们比较受关注的"北京新发地"就可以作为一个话题。而且在界面下方还会出现相似的话题，以及各个话题的热度，如图 11-42 所示。

图 11-40

图 11-41

图 11-42

11.7.3 发视频时位置添加技巧

发布视频时选择添加位置有两点好处。

第一，如果创作者本身有实体店，可以通过视频为线下的实体店引流，增加同城频道的曝光机会。

第二，通过将位置定位到粉丝较多的地域，可以提高粉丝观看到该视频的概率。例如，通过后台分析发现自己的粉丝多为广东省粉丝，在发布视频时，可以把定位选择到广东省某一个城市的某一个商业热点区域。

在手机端发布视频时，可以在"你在哪里"选项内直接输入需要定位的位置。

PC 端后台发布视频时，可以在"添加标签"下选择"位置"选项，并且输入希望定位的新位置，如图 11-43 所示。

图 11-43

11.7.4 是否开启保存选项

如果不是有特殊原因，不建议关闭"允许他人保存视频"选项，因为下载数量也是视频是否优质的一个重量考量标准。PC 端设置如图 11-44 所示。

需要注意的是，在手机端发布视频时没有此选项，需要在完成发布后选择视频，点击右下角的"权限设置"按钮，然后选择"高级设置"选项，如图 11-45 所示。再关闭"允许下载"选项，如图 11-46 所示。

图 11-44

图 11-45

图 11-46

11.7.5 发视频时的同步技巧

如果已经开通了今日头条与西瓜视频账号，可以在抖音发布视频时同步到这两个平台上，从而使一个视频能够吸引到更多的流量。

尤其值得一提的是，如果发布的是横画幅的视频，而且时长超过了一分钟，那么在发布视频时，如果同步到了这两个平台，还可以获得额外的流量收益。

在手机端发布视频时，可以在"高级设置"选项中开启"同步至今日头条和西瓜视频"开关，如图 11-47 所示。

PC 端后台发布视频时，可以开启"同步至其他平台"开关，如图 11-48 所示。

图 11-47

图 11-48

11.7.6 定时发布视频技巧

如果运营的账号有每天发布视频的要求，而且有大量可供使用的视频，建议使用 PC 端的定时发布视频功能，如图 11-49 所示。

发布视频的时间可以预定为 2 小时 ~ 7 天内。

需要注意的是，手机端不支持定时发布功能。

图 11-49

11.8 用合集功能提升视频播放量

可以将内容相关的视频做成合集，这样无论用户从哪一条视频进来，都会在视频的下方看到合集的名称，从而进一步点开合集后查看所有合集，如图 11-50 和图 11-51 所示。

这就意味着，每发一期新的视频都有可能会带动之前所有合集中视频的播放量。

要创建合集，必须在 PC 端进行操作，可以用下面介绍的两种方法去实现。

11.8.1 手动创建合集

在 PC 端创作服务平台的管理后台，点击左侧"内容管理"中的"合集管理"按钮，进入合集管理页面，点击右上角的"创建合集"红色按钮。

图 11-50　　　　　　　　　　图 11-51

根据提示输入合集的名称及介绍，并且将视频加入合集后即可完成，如图 11-52 所示。

图 11-52

11.8.2　自动创建合集

根据视频的标题，抖音会自动生成不同视频的合集，如图 11-53 所示。

点击进入这些合集后，可以按照提示为合集命名，并修改合集的封面。

所以，如果要按这种方法创建合集，一定要注意在发布视频时标题要有规律。

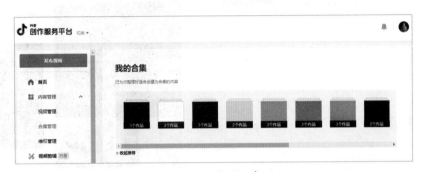

图 11-53

11.9　管理视频，提升整体数据的技巧

通过 PC 端后台不但可以发布视频，还可以点击右侧的"内容管理"按钮进行视频管理，如图 11-54 所示，在其中进行恰当的操作也能提升账号或视频的互动数据。

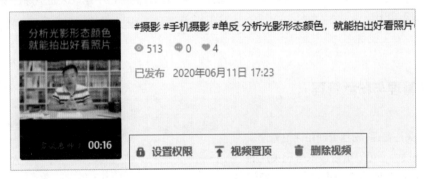

图 11-54

11.9.1　置顶视频

抖音可以同时置顶 3 个视频，并且最后设置为"置顶"的视频将成为主页的第一个视频，另外两个则根据置顶顺序依次排列。

置顶的视频一定要起到以下两个重要作用。

第一，彰显实力。通常将点赞、评论量高的作品置顶，可以让进入主页的观众第一时间看到该视频，从而以最优质的内容吸引观众，进而使其关注账号，如图 11-55 所示。

第二，进一步增进观众对账号的认识，即通过 3 个置顶视频解释以下 3 个问题，"我是谁""我能提供的产品与服务是什么""我的产品与服务为什么更值得你信赖与选择"，如图 11-56 所示。

11.9.2 设置权限

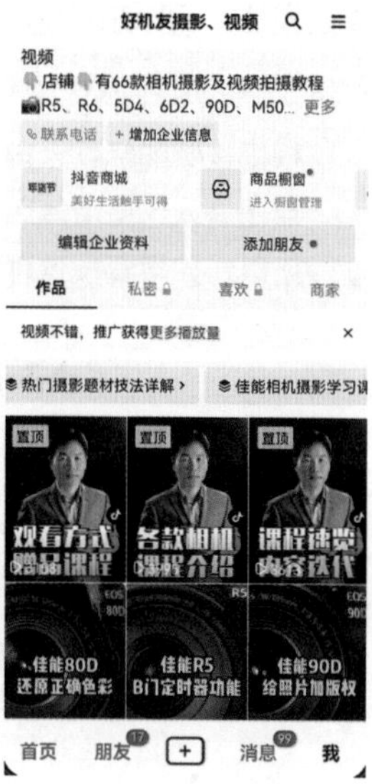

通过"设置权限"选项可以控制"哪些人能够看到视频"，以及是否允许观众将该视频保存在自己的手机中。

如果发布的视频数据不好看或者有其他问题，可以选择"仅自己可见"选项，以隐藏此视频。很多大号的主页视频普遍有上万点赞与评论，就是采取了这样的处理方式。

图 11-55　　　　　图 11-56

11.9.3 删除视频

对于一些在发布后引起了较大争议或确实有问题的视频，可以将其删除。不建议大量删除已发布的视频，取而代之的是应该采取隐藏操作。

11.9.4 关注管理与粉丝管理

互动管理包括关注管理、粉丝管理和评论管理。在"关注管理"选项中，可以查看该账号已关注的所有用户，并可直接在该页面中取消关注，如图 11-57 所示。

通过"粉丝管理"选项可以查看所有关注自己账号的粉丝，在该页面中可快速"回关"各粉丝，如图 11-58 所示。

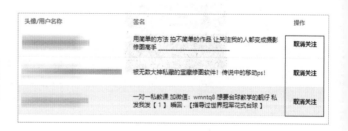

图 11-57

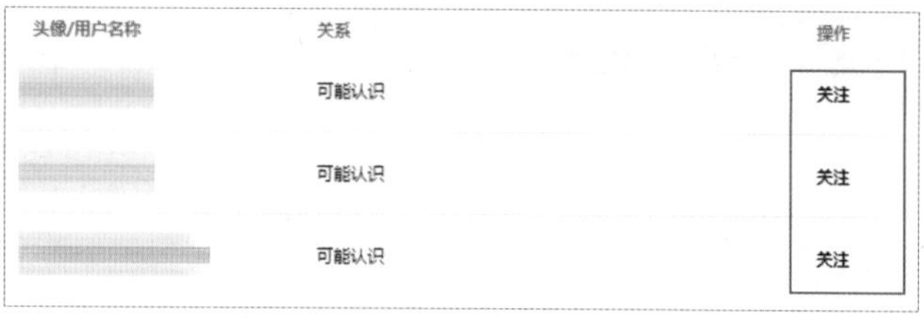

图 11-58

11.9.5　评论管理

要管理评论，首先要点击左侧功能列表中的"评论管理"按钮，再点击右上角的"选择视频"按钮，查看某一视频下的评论。

在打开的列表框中，不但可以看到视频封面及标题，还可以直观地看到各视频的评论数量，方便选择有评论或者评论数量较多的商品进行查看，如图 11-59 所示。

选择某个视频后，评论即可显示在界面下方，可以对其进行点赞、评论或者删除等操作。

图 11-59

11.10　利用重复发布视频引爆账号的技巧

这里的重复发布不是指发布完全重复的视频，而是指同样的一个脚本或拍摄思路，每天重复拍摄、大量发布的方法。

例如，账号"牛丸安口"每天发布的视频只有两种，一种是边吃边介绍，另一种是边做边介绍，然后通过视频进行带货销售，如图 11-60 所示。

这样的操作模式看起来比较机械、简单，也没有使用特别的运营技巧，但创作者硬是以这样的操作发布了 15000 多条视频，创造了销售 121 万件的好成绩，如图 11-61 所示。

图 11-62 所示的是另一个账号"@ 蓝 BOX 蹦床运动公园"，拍摄手法也属于简单重复的类型，甚至视频都没有封面与标题。但也获得了 133 万粉丝，并成功地将这个运动公园推到了好评榜第 5 名的位置，如图 11-63 所示。

通过这两个案例可以看出，对于部分创作者来说，一个经过验证的脚本与拍摄手法，是可以无限次使用的。

图 11-60

图 11-61

图 11-62

图 11-63

11.11 理解抖音视频平台的消重机制

11.11.1 什么是视频消重机制

消重机制是指一个创作者发布视频后，抖音通过一定的数据算法，判断这个视频与平台现有的视频是否存在重复。

如果这个视频与平台中已经存在的某个视频重复比例或相似度非常高，就容易被判定成为搬运，这样的视频得到的推荐播放数量很低。

消重机制首先是为了保护视频创作者的原创积极性与版权，其次是为了维护整个抖音生态的健康性，如果一个用户不断刷到内容重复的视频，对这个平台的认可度就会大大降低。

抖音消重有几个维度，包括视频的标题、画面、配音及文案。

图 11-64

其中比较重要的是视频画面比对，即通过对比一定比例的两个或多个视频画面，来判断这些视频是否是重复的，这其中涉及非常复杂的算法，不在本书的讨论范围之内，有兴趣的读者可以搜索视频消重相关文章介绍。

如果一个视频被判定为搬运，那么就会显示如图 **11-64** 所示的审核意见。

需要特别注意的是，由于是计算机算法，因此有一定的误判几率，所以如果创作者确定视频为原创，可以进行申诉，方法可以参考下面的内容。

11.11.2 两个应对消重机制的实用技巧

虽然网络上有大量视频消重处理软件，可以通过镜像视频、增加画面边框、更换背景音乐、叠加字幕、抽帧、改变视频码率、增加片头片尾、改变配音音色、缩放视频画面、改变视频画幅比例等技术手段，应对抖音的消重算法。

如果不是运营着大量的矩阵账号或通过搬运视频赚快钱，那么还是建议以原创视频为主。

但对于新手来说，可能需要大量视频试错，培养抖音的运营经验。

所以，下面提供两个能够应对抖音消重机制的视频制作思路。

第一，在录制视频时采用多机位录制。例如用手机拍摄正面，用相机拍摄侧面。这样一次就可以得到两个画面完全不同的视频，注意在录制时要使用 1 拖 2 无线麦克风。

第二，绝大多数人在录制视频时，不可能一次成功，基本上都要反复录制多次。所以可以通过后期，将多次录制的素材视频混剪成为不同的视频。

11.11.3　视频消重的实战检验

虽然，从原理与实践上来看，抖音的消重机制是客观存在的。但经过多次实战检验，即便发布完全相同的视频，也有一些视频仍然能够获得正常的播放量。

图 11-65

图 11-65 所示的视频是编者于 2022 年 1 月 9 日发布在"好机友摄影"抖音号上的视频，1 天之内获得了 1.8 万人观看与 248 点赞，实际上，此视频曾于 2021 年 10 月 8 日发布于"北极光摄影"抖音号，并获得了 1.7 万人观看与 335 点赞，如图 11-66 所示。

图 11-66

图 11-67 所示的播放界面是编者在"北极光摄影"抖音号 PC 端管理后台直接点击视频播放至第 30 秒时的界面。

图 11-68 所示的播放界面是编者在"好机友摄影"抖音号 PC 端管理后台直接点击视频播放至第 30 秒时的界面。

通过对比可见，两个视频的确完全相同。

经过多次实验，结果表明，即便完全相同的视频，有时也仍然能够获得正常推荐。

这个实验并不是鼓励大家多发重复视频，而是说明只要是算法就有不可控因素，如果某个精心制作的视频没火爆起来，不妨隐藏后再多拍几次。如果直播时急需引流而又没有新视频，不妨发几个老视频，也能起到小数量级引流作用。

图 11-67

11.12　如何查看视频是否被限流

由于抖音的消重机制，无论是否属于误判，只要视频被抖音判定为搬运，就会被限流。所以，一个视频的数据发生大幅度波动时，创作者一定要学会查看视频是否被限流。可以通过下面两种方式来判断视频是否被限流。

图 11-68

11.12.1 在PC端后台查看的方法

具体操作步骤如下。

（1）使用抖音账号登录 https://creator.douyin.com/。

（2）被限流的视频下面会标注"不适合继续推荐"，如图 11-69 所示。

（3）点击"查看详情"按钮，会看到视频的审核意见，如图 11-70 所示。

（4）如果认为是系统误判，可以点击红色的"我要申诉"字样，并在图 11-71 所示的界面中填写具体原因。

（5）通常一个工作日内就可以收到申诉结果，例如，对于上述视频，经编者申诉后仍然由于"涉及广告营销行为"被限流，如图 11-72 所示。

图 11-69

图 11-70

11.12.2 在手机端查看的方法

在手机上也可以查看视频是否被限流，具体操作步骤如下。

（1）在作品列表中找到怀疑被限流的视频，点击右下角的三个点。

（2）点击"数据分析"按钮，如图 11-73 所示。

（3）可以在页面上方看到"作品不适合继续推荐"字样，如图 11-74 所示。

（4）点击"查看详情"按钮，同样可以看到具体审核意见。

（5）向下拖动页面，可以从"播放趋势"图表中看到，限流后的播放量呈现断崖式下跌，如图 11-75 所示，由此也能看出限流的时间节点。

图 11-71

图 11-72

（6）对于这类无法通过申诉解封的视频，可以按本书讲解的"播放诊断"分析方法进行分析。如果分析表明内容不错，图 11-76 所示的红色曲线在后半段超出了蓝色曲线，则表明选题没有太大问题，值得重新拍摄或剪辑。

图 11-73

图 11-74

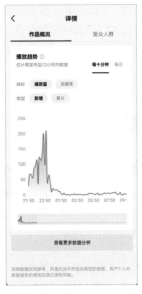
图 11-75

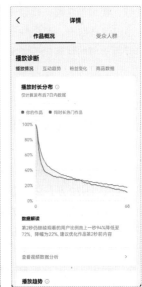
图 11-76

11.13　掌握抖音官方后台视频数据分析方法

对于自己账号的情况，通过抖音官方 PC 端后台即可查看详细数据，从而对目前视频的内容、宣传效果及目标受众具有一定的了解。同时还可以对账号进行管理，并通过官方课程提高运营水平。下面介绍如何登录抖音官方后台的基本操作方法。

（1）在百度中搜索"抖音"，点击带有"官方"标识的链接即可进入抖音官网，如图 11-77 所示。

（2）点击抖音首页上方的"创作服务平台"按钮，如图 11-78 所示。

（3）登录个人账号后，即可直接进入 PC 端后台。默认打开的界面为后台"首页"，通过左侧的选项栏即可选择各个项目进行查看。

11.13.1　了解账号的昨日数据

在"首页"中的"数据总览"一栏可以查看"昨日"的视频相关数据，包括播放总量、主页访问数、视频

图 11-77

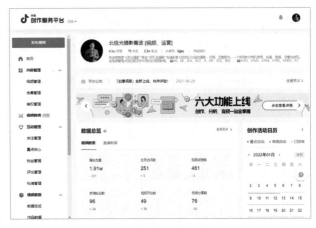
图 11-78

207

点赞数、新增粉丝数、视频评论数、视频分享数等 6 大数据。

通过这些数据，可以快速了解昨日所发布视频的质量。如果昨日没有新发布视频，则可以了解已发布视频带来的持续播放与粉丝转化等情况。

11.13.2 从账号诊断找问题

在左侧的功能栏中点击"数据总览"按钮，可以显示如图 11-79 所示的界面。

从这里可以看到抖音官方给出的，基于创作者最近 7 天上传视频所得数据的分析诊断报告及提升建议。

可以看出，针对此账号而言，投稿数量虽然不算低，但互动与完播指数仍显不足。

所以，可根据抖音官方提出的建议"作品的开头和结尾的情节设计很关键，打造独特的'记忆点'，并且让观众多点赞留言，另外记得多在评论区和观众互动哦"来优化视频。

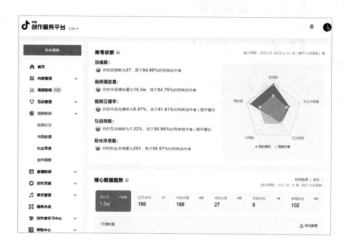

图 11-79

11.13.3 分析播放数据

在"核心数据趋势"模块，可以按 7 天、15 天和 30 天为周期，查看账号的整体播放数据，如图 11-80 所示。

如果视频播放量曲线整体呈上升趋势，证明目前视频内容及形式符合部分观众的需求，保持这种状态即可。

如果视频播放量曲线整体呈下降趋势，则需要学习相似领域头部账号的内容制作方式，并在此基础上寻求自己的特点。

如果视频播放量平稳没有突破，表明创作者需要寻找另外的视频表现形式。

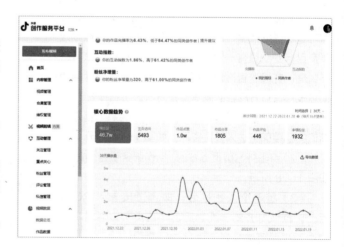

图 11-80

11.13.4 分析互动数据

在"核心数据趋势"模块，可以以 7 天、15 天和 30 天为周期，查看账号的"作品点赞""作品分享""作品评论"

数据，如图 11-81 ~ 图 11-83 所示，从而客观地了解观众对近期视频的评价。

在这 3 个互动数据指标中，"作品分享"参考价值最高，"作品点赞"参考价值最低。

这是由于对粉丝来说，分享的参与度较高，能够被分享的视频通常是对粉丝有价值的。而点赞操作由于过于容易，所以从数值上来看，往往比其他两者高。从数据来看，粉丝净增量与分享量相近，而与点赞数量相去较远。

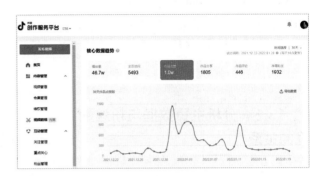

图 11-81

这也证明有价值的视频才更容易被分享，也更容易吸粉，所以本书中关于提升视频价值的内容值得每一位创作者深入研究。

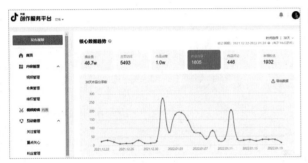

图 11-82

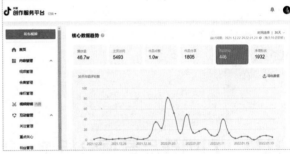

图 11-83

11.13.5 分析粉丝数据

通过粉丝数据可以以 7 天、15 天、30 天为周期，查看总粉丝数及新增粉丝数及掉粉数量，如图 11-84 所示。

总粉丝数与新增粉丝数都能反映出视频内容是否符合观众的喜好。

相对而言，图 11-85 所示的新增粉丝数指标趋势更为关键。因为只要有新增粉丝，总粉丝数就处于增长趋势。

但如果新增粉丝数逐渐降低，总有一天总粉丝数会出现净损失的情况。所以，一旦新增粉丝数逐渐下降，就需要引起视频创作者的注意。

图 11-84

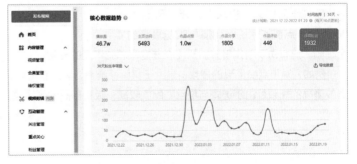

图 11-85

除此之外，还需要关注图 11-86 所示的掉粉曲线，以了解掉粉量较高的时间段是由于哪一条或哪几条视频导致的。

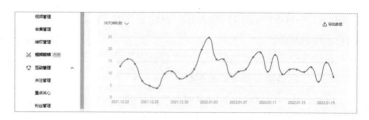

图 11-86

11.13.6 分析主页数据与粉丝数据的关系

图 11-87 所示为与图 11-85 所示中的曲线相同账号的主页数据，对比图 11-85 与图 11-87，可以看出曲线结构近乎一致。

由此不难看出，绝大部分粉丝是按"观看视频——进入主页——关注账号"的顺序获得的，因此，除了视频质量，主页搭建也非常重要。

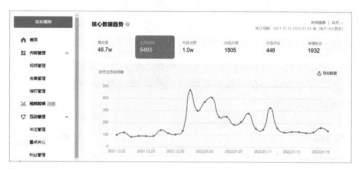

图 11-87

11.14 利用作品数据分析单一视频

如果说"数据总览"重在分析视频内容的整体趋势，那么"作品数据"就是用来对单一视频进行深度分析。

在页面左侧点击"作品数据"按钮，显示如图 11-88 所示的数据分析页面。

11.14.1 近期作品总结

在"作品总结"模块中，分别列出了近30 天内，点赞、评论、完播与吸粉最高的 4个视频。这有助于创作者分别从 4 个选题中总结不同的经验。

图 11-88

例如，对于点赞最高的视频，是由于其画面唯美，因此获得较多点赞；完播率最高的视频是由于视频时长较短；播放最高的视频是由于选题与粉丝匹配度较高；吸粉最高的视频是由于讲解的是非常有用的干货。

11.14.2 对作品进行排序

在"作品列表"模块中，可以对最近 30 天内发布的 100 个视频作品，按播放量、点赞量、吸粉量、完播率等数据进行排序，如图 11-89 所示。

以便于创作者从中选择出优质视频进行学习总结，或者作为抖音千川广告投放物料、DOU+广告投放吸粉视频。

因此，创作者应该每个月都对当月视频进行总结，因为相关数据仅能保留 30 天。

图 11-89

11.14.3 查看单一作品数据

在"作品列表"模块中，选择需要进一步分析的视频，然后点击右侧的红色"查看"按钮，界面如图 11-90 所示。

在其中可以进一步分析播放量、完播率、均播时长、点赞量、评论量、分享量、新增粉丝量等数据。

在"播放量趋势"模块中，建议选择为"新增"或"每天"选项，如图 11-91 所示，以直观分析当前视频在最近一段时间的播放情况。多观察此类图表，有助于对视频的生命周期有更进一步的理解。

向下拖动页面，可看到如图 11-92 所示的"观看分析"图表，分析当前视频的观众跳出情况。

需要指出的是，虽然系统提示"第 2 秒的跳出用户比例为 15.01%，占比较高。建议优化第 2 秒的作品内容，优化作品质量"，但实际上，这个跳出率并不算高。这里显示的系统提示，只是一个以红色"秒数"为变量而自动生成的提示语句，实际参考意义不大。

只有当第 2 秒的跳出用户比例超过 50%，且曲线起伏幅度较大时，此曲线才有一定的参考意义。

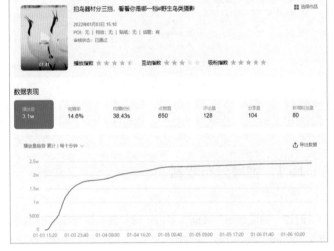

图 11-90

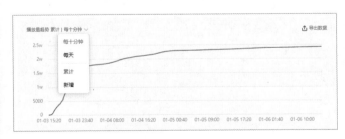

图 11-91

图 11-92

211

11.15 通过"粉丝画像"更有针对性地制作内容

作为视频制作者，除了需要了解内容是否吸引人，还需要了解吸引到了哪些人，从而根据主要目标受众，有针对性地优化视频。

通过"创作服务平台"中的"粉丝画像"模块，可以对粉丝的性别、年龄、所在地域及观看设备等数据进行统计，便于创作者了解手机那边的"粉丝"都是哪些人。

点击页面左侧的"粉丝画像"按钮，显示如图 11-93 所示页面。

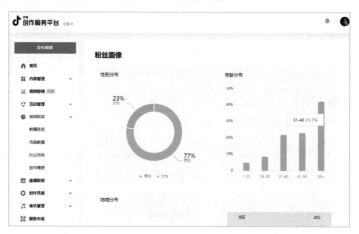

图 11-93

11.15.1 地域分布数据

通过"地域分布"数据，可以了解粉丝大多处于哪些省份，如图 11-94 所示，从而避免在视频中出现主要受众完全不了解或者没兴趣的事物。

以图 11-94 所示为例，此账号的主要粉丝在沿海发达地区，如广东、山东、江苏、浙江等。

因此，发布视频时，首先要考虑地理定位可以在上述地区。其次，视频中涉及的内容要考虑上述地区的天气、人文等特点，如果创作者与主要粉丝聚集地有时差也要考虑。

图 11-94

11.15.2 性别与年龄数据

从图 11-93 所示中可以看出，此账号的受众主要为中老年男性。因为在性别分布中，男性观众占据了 67%。在年龄分布中，31～40 岁、41～50 岁及 50 岁以上的观众加在一起，其数量接近 70%。

因此，在制作视频内容时，就要避免过于使用流行、新潮的元素，因为中老年人往往对这些事物不感兴趣，甚至有些排斥。

11.16 通过手机端后台对视频进行数据分析

每一个优秀的内容创作者都应该是一个优秀的数据分析师，通过分析整体账号及单个视频的数据，为下一步创作找准方向。

本节讲解如何通过手机查找单个视频的相关数据及分析方法。

11.16.1 找到手机端的视频数据

在手机端查看视频数据的方法非常简单，只需要以下两步。

（1）浏览想要查看数据的视频，点击界面右下角的三个小点图标，如图 11-95 所示。

（2）在打开的界面中点击"数据分析"按钮，即可查看数据，如图 11-96 所示。

图 11-95

图 11-96

11.16.2 查看视频概况

在此页面可以快速了解视频数据概况，如图 11-97 和图 11-98 所示，可以明显地看出两个视频的区别。

在这里需要特别关注两个数据。第一个是 5 秒完播率，这个数据表明，无论视频有多长，5 秒完播率都是抖音重点考核的数据之一，创作者一定要想尽各种方法确保自己的视频在 5 秒之内不被划走。

第二个是粉丝播放占比，这个数值越高，代表该视频吸引新粉丝的能力越弱。

图 11-97

图 11-98

11.16.3 找到与同类热门视频的差距

在"数据分析"页面的下半部分是"播放诊断"。在此首先需要关注的是如图 11-99 所示的"播放时长分布"曲线。这个曲线能够揭示当前视频与同领域相同时长的热门视频，在不同时间段的观众留存对比。

一般有以下 3 种情况。

（1）如果红色曲线整体在蓝色曲线之上，则证明当前视频比同类热门视频更受欢迎，那么只要总结出该视频的优势，在接下来的视频中继续发扬，账号成长速度就会非常快。

（2）如果红色曲线与蓝色曲线基本重合，则证明该视频与同类热门视频质量相当，如图 11-100 所示。

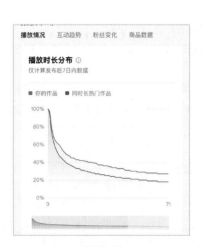

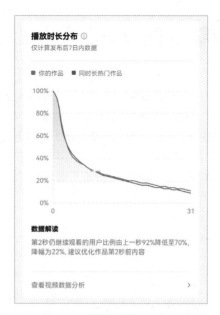

图 11-99   图 11-100

（3）如果红色曲线在蓝色曲线之下，则证明视频内容与热门视频有较大差距，同样需要对视频进行进一步打磨，如图 **11-101** 所示。

具体来说，根据曲线线型不同，产生差距的原因也有区别。如果如图 **11-101** 所示，在视频开始的第 2 秒，观众留存率就已经低于热门视频，则证明视频开头没有足够的吸引力。可以通过快速抛出视频能够解决的问题，指出观众痛点，或优化视频开场画面来增加吸引力，进而提升观众留存率。

如果曲线在视频中段，或者中后段开始低于热门视频的观众留存，则证明观众虽然对视频选择的话题挺感兴趣，但因为干货不足，或者没有击中问题核心，导致观众流失，如图 **11-102** 所示。

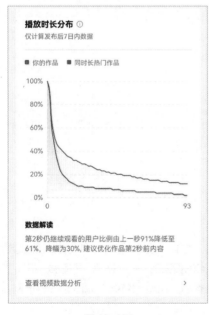

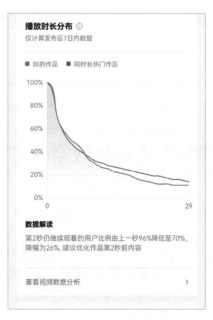

图 11-101   图 11-102

215

11.17 查看 B 站视频数据的方法

与前面讲述的分析短视频数据类似，B 站也提供了较为完备的数据分析功能。

创作者进入 PC 端 B 站创作中心后，点击左侧的"稿件管理"按钮，再点击某一视频右下方的"数据"按钮，即可进入视频数据分析页面，如图 11-103 和图 11-104 所示。

可以看出来，如果分别点击页面上方的"互动分析"与"流量分析"按钮，再结合"数据概览"区域的数值，就能够运用前面章节讲述的各种数据分析原理及思路，来分析当前视频的不足之处，并制作出有针对性的修改措施。

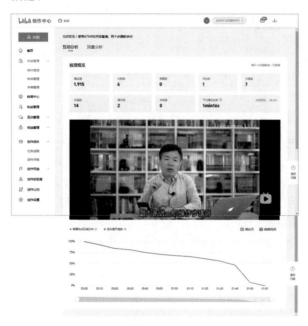

图 11-103

图 11-104

11.18 查看西瓜视频数据的方法

要查看西瓜中视频的数据，可以按下面的方法操作。

首先，创作者要进入 PC 端西瓜创作中心。

然后，点击左侧的"内容管理"按钮，再点击某一视频右下方的"数据"按钮，即可进入视频数据分析页面。

与 B 站相比，西瓜视频提供了更加丰富的视频数据，分别点击页面上方的"概览""播放分析""互动分析""观众分析""收益分析"各个标签，则可以从不同维度查看视频数据，如图 11-105 ～图 11-108 所示。

图 11-105

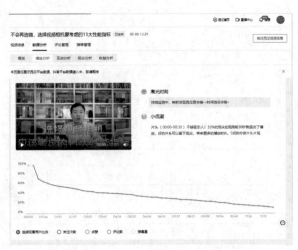

图 11-106

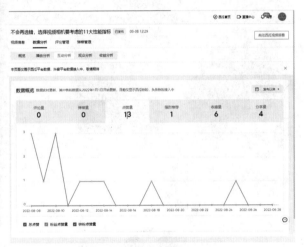

图 11-107

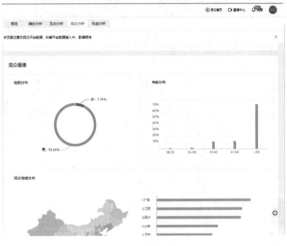

图 11-108

利用 DOU+ 付费
广告为短视频助力

12.1 为什么要用广告推广视频

抖音或者快手等平台都有一个"流量池"的概念。以抖音为例，最小的流量池为 300 次播放，当这 300 次播放的完播率、点赞数和评论数达到要求后，才会将该视频放入 3000 次播放的流量池。

于是就有可能出现这样的情况，自己认为做得还不错的视频，播放量却始终上不去，抖音也不会再给这个视频提供流量。此时就可以花钱买流量，让更多的人看到自己的视频，这项花钱买流量的服务就是 DOU+，当然除此之外，DOU+ 还有其他更多功能，下面一一进行讲解。

目前，各大中视频平台尚没有提供推广视频的服务。

12.2 DOU+ 的 10 大功能

12.2.1 内容测试

有时花费了大量人力、物力制作的视频，发布后却只有几百的播放量。这时创作者会充满疑问，不清楚是因为视频内容不被接受，还是因为播放量不够，导致评论、点赞太少，甚至会怀疑自己的账号被限流了。

此时可以通过投放 DOU+，花钱购买稳定的流量，并通过点赞、关注的转化率，来测试内容是否满足观众的口味。

如果转化率很低，也就是在播放量上去后，点赞、评论的人仍然很少，那么就需要考虑自己内容的问题了。反之，则可以确定内容方向没有问题，全心投入去制作更精彩的内容即可。

另外，使用 DOU+ 进行内容测试还有一个小技巧。当有一个新的想法，希望在市场上得到一些反馈时，可以建立一个小号。先制作一个稍微粗糙一些的视频并发布到小号上，然后分批为其投 500 元左右的 DOU+。如果市场反馈还不错，再对视频进行精细化制作，并投放到大号上。

一旦这个视频有要火的迹象，再加上之前已经进行了测试，这时再投 DOU+就可以大胆投入，将视频做起来。

很多如图 12-1 所示的过百万点赞短视频，都是经过 DOU+ 付费流量进行"加热"后才火爆起来的。

图 12-1

12.2.2　解除限流

首先强调一下，并不是被限流的账号使用 DOU+ 后就一定能解除限流，而且官方也没有明确说明 DOU+ 有这项功能。但确实有一些账号，明明已经被限流了，可在投 DOU+ 后还能出爆款视频。所以虽然不能百分之百保证投 DOU+ 有解除限流的功能，但如果遇到被限流的情况，可以尝试投一投 DOU+。

12.2.3　选品测试

使用 DOU+ 进行选品测试的思路与进行内容测试的思路相似，都是通过稳定的播放量来获取目标观众的反馈。

内容测试与选品测试的区别则在于关注的"反馈"不同。内容测试关注的是点赞、评论、关注数量的"反馈"，而选品测试关注的则是收益的"反馈"。

例如为一条带货视频投了 100 元 DOU+，所得佣金是否能把这 100 元赚回来？一般投 100 元 DOU+，佣金收益如果能达到 120 元，那么这条带货视频就值得继续投下去，至于视频点赞和关注数量，则不是关键指标。

值得一提的是，在进行选品测试时还要注意测试一下热门评论。首先带货短视频的前几条热门评论基本上都是自己做的，因此在投 DOU+ 时，还要注意自己的评论是否被很多人点赞和讨论，如图 12-2 所示。

毕竟在决定是否购买时，很多人会习惯性地点开评论看一下，对产品的正面评价对于提高转化率非常有帮助。

图 12-2

12.2.4　带货推广

带货广告功能是 DOU+ 的主要功能之一，使用此功能可以在短时间内使带货视频获得巨量传播，此类广告视频的下方通常有广告两字，如图 12-3 所示。

常用方法是，批量制作出风格与内容不同的若干条视频，同时进行付费推广，选出效果较好的视频，再以较大金额对其进行付费推广。

被推广时可以采取挂小黄车的方式，直接引导观众下单，也可以引导观众留下联系方式，由客服一对一进行精准引导转化。前者适用于推广低值小额产品，后者适用于推广金额较大的产品，还可以通过引导观众玩游戏的方式推广产品，如图 12-4 所示。

图 12-3

图 12-4

12.2.5　助力直播带货

　　直播间有若干种流量来源，其中比较稳定的是付费流量，只要通过 DOU+ 为直播间投放广告，就可以将直播间推送给目标受众。

　　在做好直播间场景设计与互动转化的前提下，就能够以较少的奖金量，获得源源不断的免费自然流量，从而获得很好的收益，如图 12-5 和图 12-6 所示。

图 12-5　　　　　　　　　　　图 12-6

12.2.6　快速涨粉

　　粉丝量是一个抖音账号的硬性评价标准，也几乎是众多商家在寻找带货达人时的唯一选择标准。由于整个短视频领域内卷严重，竞争十分激烈，所以对新手来说，涨粉并不是一件很容易的事儿。想快速涨粉，除了尽快提高自己的短视频制作水准，还有一个更有效的方法，就是利用 DOU+ 买粉丝。

　　从图 12-7 所示的订单上面可以看出来，100 元投放涨粉 72 个，平均每个粉丝的成本是 1.39 元，而图 12-8 所示的订单 100 元涨粉 371 个。所以，只要投放得当，涨粉速度也会比较快。

图 12-7　　　　　　　　　　　图 12-8

12.2.7　为账号做冷启动

通过学习前面各个章节，相信读者都已经了解了账号标签的重要性。

对于新手账号来说，要通过不断发布优质视频，才能够使账号的标签不断精准，最终实现每次发布视频时，抖音都能够将其推送给创作者规划中的精准粉丝。

但这一过程比较漫长，所以，如果新账号需要快速打上精准标签，可以考虑使用 DOU+ 的投放相似达人功能，如图 12-9 所示。

图 12-9

12.2.8　利用付费流量撬动自然流量

通过为优质视频精准投放 DOU+，可以快速获得大量点赞与评论，而这些点赞与评论，可以提高视频互动数据，当这个数据达到推送至下一级流量池的标准时，则可以带来较大的自然流量。

12.2.9　为线下店面引流

如果投放 DOU+ 时，将目标选择为"按商圈"或"按附近区域"，如图 12-10 所示，则可以使指定区域的人看到视频，从而通过视频将目标客户精准引流到线下实体店。

图 12-10

12.2.10　获得潜在客户线索

对于蓝 V 账号，如果在投放 DOU+ 时将目标选择为"线索量"，如图 12-11 所示，则可以通过精心设计的页面，引导潜在客户留下联系方式，然后通过一对一电话或微信沟通，来做成交转化。

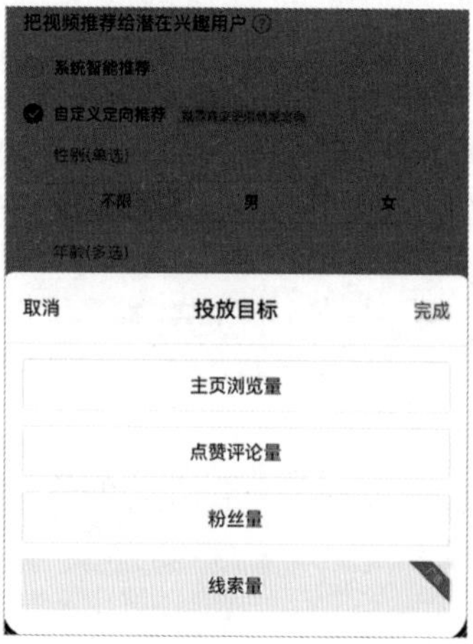

12.3 在抖音中找到 DOU+

在开始投放之前，首先要找到 DOU+，并了解其基本投放模式。

图 12-11

12.3.1 从视频投放DOU+

在观看视频时，点击界面右侧的三个点图标，如图 **12-12** 所示。

在打开的菜单中点击"上热门"图标，即可进入 DOU+ 投放页面，如图 **12-13** 所示。

图 12-12

图 12-13

如果需要为其他账号的视频投放 DOU+，可以点击视频右下角的箭头分享按钮，如图 **12-14** 所示。

在打开的菜单中点击"帮上热门"图标，即可进入 DOU+ 投放页面，如图 **12-15** 所示。

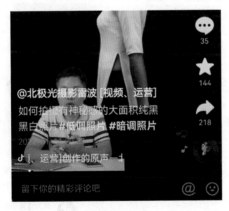

图 12-14

图 12-15

12.3.2 从创作中心投放DOU+

（1）点击抖音 App 右下角"我"按钮，点击右上角的三条杠。

（2）选择"创作者服务中心"选项。如果是企业蓝 V 账号，此处显示的是"企业服务中心"。

（3）点击"上热门"按钮，如图 12-16 所示。如果要投放带有购物车的视频，点击"小店随心推"按钮。

（4）打开图 12-17 所示的广告投放页面，在其中设置所需要的参数即可。

图 12-16

图 12-17

12.4　如何中止 DOU+

12.4.1　要立即中止投放的情况

在投放 DOU+ 后，于新手创作者来说，应每小时观测一次投放数据，如果投放数据非常不理想，在金额还没有完全消耗之前，都可以通过终止投放来挽回损失。

例如，对于图 12-18 所示的订单，金额消耗已经达到了 45.73 元，但是粉丝量只增长了 16 个，因此应立即终止订单。

12.4.2　中止投放后如何退款

订单终止后，没有消耗的金额会在 4 ～ 48 小时内返回到创作者的 DOU+ 账户，可以在以后的订单中使用。

如果是用微信进行支付，可在微信钱包账单中看到退款金额，如图 12-19 所示。

图 12-18

图 12-19

12.4.3　单视频投放终止方法

只需要将投放视频设置成为"私密"状态，DOU+ 投放将立即停止。DOU+ 停止后，可以再次将视频设置成为公开可见状态。

12.4.4　批量视频投放终止方法

要批量终止投放了 DOU+ 的视频，可以直接联系 DOU+ 客服并提供订单号，由客服来快速终止。

联系方式是在"上热门"的页面，点击右上角的小人图标，进入"我的 DOU+"页面，如图 12-20 所示，然后点击右上角的客服小图标⟳。

此操作无须联系人工客服，直接与机器人客服对话，即可取消，如图 12-21 和图 12-22 所示为对话过程。

图 12-20　　　　　　　　图 12-21　　　　　　　　图 12-22

12.5　单视频投放和批量投放

12.5.1　批量投放的优点

用 DOU+ 加热视频时，可选择为某一个视频加热，也可以同时加热最多 5 个视频，即批量投放。用批量投放的方式加热视频的好处在于，如果不确定哪一个视频更优质，有可能获得更多系统推荐，可以通过批量投放由系统确定。

图 12-23

12.5.2　单视频投放DOU+

单视频投放页面如图 12-23 所示，在此需要重点选择的是"投放目标""投放时长""把视频推荐给潜在兴趣用户"等选项。

这些选项的具体含义与选择思路，会在后面的章节中一一讲解。

12.5.3　批量视频投放DOU+

要进入批量投放页面，可以先在作品中，选择任意一个没有挂购物车的视频。

点击其右下角的三个点图标，再点击"上热门"图标。

在图 12-24 所示的页面右上角点击人形小图标 &。

再点击图 12-25 所示的页面下方的"投放管理"图标 ▯。

在图 12-26 所示的页面中点击"批量投放"图标。

在图 12-27 所示的页面"选择投放视频"区域，可以最多选择 5 个视频进行 DOU+ 投放。

图 12-24　　　　　图 12-25

12.5.4　两种投放方式的异同

单视频 DOU+ 投放的针对性明显更强。

批量视频 DOU+ 投放的优势则在于，当不知道哪个视频更有潜力时，可以通过较低金额的 DOU+ 投放进行检验。

此外，如果经营着矩阵账号，可以非常方便地对其他账号内的视频进行广告投放。

图 12-26　　　　　图 12-27

12.6 如何选择投放 DOU+ 的视频

12.6.1 选择哪一个视频

投放 DOU+ 的根本目的是撬动自然流量，所以正确的选择方式是择优投放。只有优质短视频才能通过 DOU+ 获得更高的播放量，从而使账号的粉丝量及带货数据得到提升。

这里有一个非常关键的问题，即短视频并不是创作者认为好，通过投放 DOU+ 就能够获得很好的播放量。同理，有些创作者可能并不看好的短视频通过投放 DOU+，反而有可能获得不错的播放量。这种"看走眼"挑错视频的情况，对于新手创作者来说尤其普遍。要解决这个问题，除了查看播放和互动数据，一个比较好的方法是使用批量投放工具，对 5 个视频进行测试，从而找到对平台来说是优质的短视频，然后进行单视频投放。如果对一次检测并不是很放心，还可以将第一次挑出来的优质视频与下一组 4 个视频，组成一个新的批量投放订单进行测试。

图 12-28 和图 12-29 所示为编者分两次投放的订单，可以看出两次批量投放都是同一个视频取得最高播放量，这意味着这个视频在下一次投放时就应当成为重点。

图 12-28

图 12-29

12.6.2 选择什么时间内发布的视频

通常情况下，应该选择发布时间在一周内，最好是在 3 天内的视频，因为这样的视频有抖音推送的自然流量，广告投放应该在视频尚且有自然流量的情况下进行，从而使两种流量相互叠加。但这并不意味着旧的视频不值得投放 DOU+，只要视频质量好，没有自然流量的旧视频，也比有自然流量的劣质视频投放效果要好。

12.6.3 选择投放几次

如果 DOU+ 投放效果不错，预算允许的情况下，可以对短视频进行第二轮、第三轮 DOU+ 投放，直至投放效果降低至投入产出平衡线以下。

12.6.4 选择什么时间进行投放

选择投放时间的思路与选择发布视频的时间是一样的，都应该在自己的粉丝活跃时间里。以编者运营的账号为例，发布的时间通常是周一～周五的晚上的八九点、中午午休时间，以及周末的白天。

12.7 深入了解"投放目标"选项

在确定 DOU+ 投放视频后，接下来需要进行各项参数的详细设置。首先要考虑的就是投放目标。

要选择不同的投放目标，需要在图 12-30 所示的"DOU+上热门"页面中"我想要"区域选择不同的大目标，再针对每一个大目标，在"更想获得什么"区域选择具体细化目标。

图 12-30

12.7.1 选择"我想要"目标分类

对于不同的视频，在"我想要"区域中提供的选项也不相同。

例如，选择最常见的"电商养号"大目标项后，可以在"更想获得什么"区域选择"点赞评论量""粉丝量""主页浏览量""视频播放量"等选项。如果不是蓝 V 企业账号，只是个人账号，则"电商养号"名称显示为"账号经营"，这一点需要个人创作者注意一下。

蓝 V 企业账号发布视频时，在此页面中可以选择"获取客户"大目标，如图 12-31 所示。

如果短视频挂载了"购物车"，那么可以选择"商品曝光"选项，如图 12-32 所示。

如果在发布视频的页面选择了具体商家店址选项，那么可以选择"门店视频播放"选项，如图 12-33 所示。

这些投放目标选项都非常容易理解，例如选择"位置点击"选项后，系统会将视频推送给链接位置附近的用户，以增加其点击位置链接，查看商户

图 12-31

详细信息的几率。

选择"主页浏览量"选项后，抖音会推送给喜欢在主页中选择不同视频浏览的人群。

选择"点赞评论量"选项后，系统会将视频推送给那些喜欢浏览此类视频，并且会经常点赞或者评论的观众。

图 12-32

图 12-33

12.7.2 各"更想获得什么"选项的意义

根据账号当前的状态投放目的不同，选择的选项也并不相同，下面一一分析各个选项的意义。

1. 点赞评论量

如果想让自己的视频被更多人看到，例如制作的是带货视频，建议选择"点赞评论量"选项。这时有些朋友可能会有疑问，投 DOU+ 的播放量不是根据花钱多少决定的吗？为何还与选择哪一种"投放目标"有关呢？

不要忘记，在花钱买流量的同时，如果这条视频的点赞和评论数量够多，系统会将该视频放入播放次数更多的流量池中。

例如投了 100 元 DOU+，增加 5000 次播放，在这 5000 次播放中如果获得了几百次点赞或者几十条评论，那么系统就很有可能将这条视频放入下一级流量池，从而让播放量进一步增长。

而且对于带货类短视频，关键在于让更多的人看到，从而提高成交单数。至于看过视频的人会不会成为自己的粉丝，其实并不重要。

2. 粉丝量

新手账号建议选择"粉丝量"选项。

一是通过不断增长的粉丝量提高自己的信心，并让账号"门面"好看一些。

二是只有粉丝量增长到一定程度，自己的视频才有基础播放量。

3. 主页浏览量

如果账号主页已经积累了很多优质内容，并且运营初期优质内容还没有完全体现其应有的价值，可以选择"主页浏览量"选项，让观众有机会发现该账号以前发布的优质内容，进一步成为账号的粉丝，或者进入账号的店铺产生购买欲。

4. 视频播放量

如果视频内容时效性较强，建议选择"视频播放量"选项，从而在短时间内，以较高的视频播放量尽最大可能扩大视频影响力。

5. 商品曝光

当选择推广的视频中挂有购物车时,可以选择"高品曝光"选项,则抖音优先将视频推送购买能力与意愿均较强的用户,考虑到这些用户是抖音的优质用户,为了避免劣质视频对这些优质用户形成打扰,同样的费用视频质量越高,推送量越高,这就意味着如果视频不属于纯硬广类型,那有一部分费用就被浪费了。

6. 门店视频播放

如果需要在同城范围内推广视频中的门店,建议选择此选项,抖音会优先将视频推送给距离门店较近的在线用户。

12.8 投放时长

为了简化投放操作,DOU+ 提供了套餐选项,如图 12-34 所示,建议点击页面上的"切换至自定义推广"按钮,以通过更多自定义选项来获得更理想的投放效果。

图 12-34

12.8.1 了解随时长变化的起投金额

在"投放时长"选项中可选的投放时间最短为 2 小时,最长为 30 天,如图 12-35 所示。

选择不同的时间,起投的金额也不相同。

如果投放时长选择的是 2 小时~ 3 天,则最低投放金额为 100 元。但如果选择的是 4 天或 5 天,则起投金额为 300 元。

如果选择的是 6 天~ 10 天,则每天起投金额上涨 60 元,即选择 10 天时,最低起投金额为 600 元。

从第 11 天开始,起投金额变化为 770 元,并每天上涨 70 元,直至 30 天时,最低起投金额上涨至 2100 元。

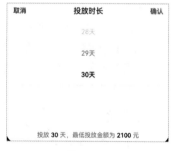

图 12-35

12.8.2 设置投放时间的思路

选择投放时间的主要思路与广告投放目的和视频类型有很大关系。

例如,一条新闻类的视频,那么自然要在短时间内大面积推送,这样才能获得最佳的推广效果,所以要选择较短的时间。

而如果所做的视频主要面向的是上班族,而上班族刷抖音的时间集中在下午 5 ~ 7 点这段在公交或者地铁上的时间,或者是晚上 9 点以后这段睡前时间,那么就要考虑所设置的投放时长能否覆盖这些高流量时间段。

如果要投放的视频是带货视频，则要考虑大家的下单购买习惯。例如，对于宝妈来说，下午 2 点~ 4 点、晚上 9 点后是宝宝睡觉的时间，也是宝妈集中采购的时间，投放广告时则一定要覆盖这一时间段。

通常情况下，建议至少将投放时间选择为 24 小时，以便于广告投放系统将广告视频精准推送给目标人群。

时间设置越短，流量越不精准，广告真实获益也越低。例如，图 12-36 所示为投放的一个定时为 2 小时的订单，虽然播放量超出预期，但投放目标并没有达到。

图 12-36

12.9 如何确定潜在兴趣用户

"潜在兴趣用户"选项中包含两种模式，分别为系统智能推荐和自定义定向推荐。

12.9.1 系统智能推荐

若选择"系统智能推荐"选项，则系统会根据视频的画面、标题、字幕和账号标签等数据，查找并推送此视频给有可能对其感兴趣的用户，然后根据互动与观看数据反馈判断，是否进行更大规模的推送。

这一选项适合于新手，以及使用其他方式粉丝增长缓慢的创作者。

选择此选项后，DOU+ 系统会根据"投放目标"和"投放时长"，以及投放金额，推测出一个预估转化数字，如图 12-37 所示，但此数据仅具有参考意义。

另外，如果没有升级 DOU+ 账号，则显示"预计播放量提升"数值，如图 12-38 所示。

如果视频质量较好，则最终获得的转化数据及播放数据会比预计的数量高。图 12-39 和图 12-40 所示为两个订单，可以看出最终获得的播放量均比预计数量高。

超出的这一部分可以简单理解为 DOU+ 对于优质视频的奖励。

这也印证了前文曾经讲过的，要选择优质视频投放DOU+。

图 12-37 　　　　图 12-38

图 12-39

图 12-40

12.9.2 自定义定向推荐

如果创作者对于视频的目标观看人群有明确定义，可以选择"自定义定向推荐"选项，如图 12-41 所示，从而详细设置视频推送的目标人群类型。

其中包含对性别、年龄、地域和兴趣标签共 4 种细分设置，基本可以满足精确推送视频的需求。

以美妆类带货视频为例，如果希望通过 DOU+ 获得更高的收益，可以将"性别"设置为"女"，"年龄"设置在 18 ~ 30 岁（可多选），"地域"设置为"全国"，"兴趣标签"设置为"美妆""娱乐""服饰"等。

此外，如果视频所售产品价格较高，还可以将"地域"设置为一线大城市。

如果对自己的粉丝有更充分的了解，知道他们经常去的一些地方，可以选择"按附近区域"进行投放。

例如，在图 12-42 所示的示例中，由于编者投放的是高价格产品广告，因此选择的是一些比较高端的消费场所，如北京的 SKP 商场附近、顺义别墅区的祥云小镇附近等。这里的区域既可以是当地的，也可以是全国范围的，而且可以添加的数量能够达到几十个，这样可以避免锁定区域过小、人群过少的问题。

通过限定性别、年龄和地域，则可以较为精准地锁定目标人群，但也需要注意，由于人群非常精准，意味着人数也会减少很多，此时会出现在规定的投放时间内，预算无法全部花完的情况。

如果希望为自己的线下店面引流，也可以选择"按商圈"选项进行设置，或将"按附近区域"设置为半径 10km，就可以让附近的 5000 个潜在客户看到引流视频。

需要注意的是，增加限制条件后，流量的购买价格也会上升。

例如所有选项均为"不限"，则 100 元可以获得 5000 次左右播放量，如图 12-43 所示。

而在限制"性别"和"年龄"后，100 元只能获得 4000 次左右播放量，如图 12-44 所示。

图 12-41

图 12-42

图 12-43

图 12-44

对"兴趣标签"进行限制后，100 元就只能获得 2500 次左右播放量，如图 12-45 所示。

所以，为了获得最高性价比，如果只是为了涨粉，不建议做过多限制。

如果是为了销售产品，而且对产品的潜在客户有充分了解，可以做各项限制，以追求更加精准的投放。

另外，创作者也可以选择不同模式分别投 100 元，然后计算一下不同方式的回报率，即可确定最优设置。

包括 DOU+ 在内的抖音广告投放是一个相对专业的技能，因此许多公司会招聘专业 的投手来负责广告投放。

投手的投放经验与技巧，都是使用大量资金不断尝试、不断学习获得的，所以薪资待遇也高。

图 12-45

12.10 深入理解达人相似粉丝推荐选项

实际上，"达人相似粉丝"只是"自定义定向推荐"中的一个选项，如图 12-46 所示，但由于功能强大，且新手按此选项投放时容易出现问题，因此单独进行重点讲解。

图 12-46

12.10.1 利用达人相似为新账号打标签

新手账号的一大成长障碍就是没有标签，但如果通过每天发视频，也可以使账号标签逐渐精准起来，但这个过程比较漫长。

所以，可以借助投达人相似的方式为新账号快速打上标签。

只需要找到若干个与自己的账号赛道相同、变现方式相近、粉丝群体类似的账号，分批、分时间段投放 500 元~ 1000 元 DOU+，则可以快速使自己的账号标签精准起来。

同样，对于一个老账号，如果经营非常不理想，又由于种种原因不能放弃，也可以按此方法强行纠正账号的标签，但代价会比新账号打标签大很多。

12.10.2 利用达人相似查找头部账号

达人相似粉丝推荐这一选项还有一个妙用，即可以通过该功能得知各个垂直领域的头部大号。

选择其中一些与自己视频内容接近的大号并关注他们，可以学到很多内容创作的方式和方法。

点击"更多"按钮后，在图 12-47 所示的界面中点击"添加"图标，即可在列表中选择各个垂直领域，并在右侧出现该领域的达人。

图 12-47

12.10.3　利用达人相似精准推送视频

将自己创作的视频推送给同类账号，从而快速获得精准粉丝，或提升视频互动数据，是达人相似最重要的作用。

在选择达人时，除了选择官方推荐的账号，更主要的方式是输入达人账号名称进行搜索，从而找到没有在页面中列出的达人，如图 12-48 所示。

但并不是所有抖音账号都可以作为相似达人账号被选择，如果搜索不到，则证明该账号的粉丝互动数据较差。

图 12-48

12.10.4　达人相似投放4大误区

1.依据粉丝数量判断误区

许多新手投达人相似都会走入一个误区，以为选择的达人粉丝越多越好，这绝对是一大误区。

这里有 3 个问题，首先不知道这个达人的粉丝是不是刷过来的，如果是刷过来的则投放效果就会大打折扣。其次，不知道这个达人的粉丝是否精准。最后，由于粉丝积累可能有一个长期的过程，那么以前的老粉丝没准兴趣已经发生了变化，虽然没有取关，但兴趣点已经转移了。

所以不能完全依据粉丝量来投达人，一定要找近期起号的相似达人。

在投之前，要查看达人账号最近有没有更新作品，如果更新了下面的评论是什么的，有些达人的评论是一堆互粉留言，这样的达人是肯定不可以对标投放的。

2.账号类型选择误区

新手在选择投放相似达人时，都会以为只能够找与自己相同赛道完全相同的达人进行投放，例如，做女装的找女装相似达人账号，做汽车的找汽车相似达人账号。

其实，这是一个误区。女装账号完全可以找美妆、亲子类达人账号做投放，因为关注女装、美妆、亲子类的账号的人群基本上相同。同样，做汽车账号完全可以寻找旅游、摄影、数码类达人账号进行投放，因为，关注这些账号的也基本是同一批人。

3.账号质量选择误区

新手投放达人相似时，通常会认为选择的相似达人账号越优质，投放效果越好。

但实际上恰恰相反，由于新手账号的质量通常低于优质同类账号，因此，除非新手账号特色十分鲜明且无可替代，否则，关注同类优质大号的粉丝，不太可能愿意再关注一个内容一般的新手账号。

所以，选择相似达人账号时，应该选择与自己的账号质量相差不多，或者还不如自己的账号，从而通过 DOU+ 投放产生虹吸效应，将相似达人账号的粉丝吸引到自己的账号上来。

4. 时间选择误区

如果仔细观察图 12-49 所示的达人相似粉丝的选择页面，会发现上方有一排容易被新手忽略的小字，即"此视频会在 6 小时内出现在粉丝的推荐页面"，这里的 6 小时至关重要。

因为，投放 DOU+ 的时间如果不能覆盖目标粉丝活跃时间，那么，投放的效果就会大打折扣。所以，在投放前一定要做好时间规划。

另外，可以将投放时间设置为 24 小时，前 6 小时过去后，如果投放的效果不令人满意，可以直接中止投放。

图 12-49

12.11 利用账号速推涨粉

12.11.1 账号速推操作方法

账号速推是一种更直接的付费涨粉功能，开启方式如下。

（1）选择任一视频，点击右下角的三个点，然后点击"上热门"按钮，如图 12-50 所示。

（2）打开图 12-51 所示的页面，点击右上方的账户管理小图标♔，显示如图 12-52 所示的页面。

（3）点击页面下方的"投放管理"图标，然后选择页面中部"投放管理"区域中的"账号速推"功能，如图 12-53 所示。

（4）在"投放金额"处选择金额，此时就会显示预计涨粉量，如图 12-54 所示。

（5）点击"切换为高级版"链接，可以修改粉丝出价及粉丝筛选条件，如图 12-55 所示。出价的最低设置为 0.8 元。

图 12-50

图 12-51

图 12-52

图 12-53

图 12-54

图 12-55

12.11.2 不同粉丝出价的区别

在前面的操作中,有一个非常关键的参数,即"单个粉丝出价",很明显在总金额不变的情况下,出价越高获得的粉丝越少,所以创作者可以尝试填写最低出价。

例如,在图 12-56 所示的推广订单中,编者设置的是出价为 1 元/个,推广结束后获得 100 个粉丝。

在图 12-57 所示的推广订单中出价为 0.8 元/个,推广结束后获得 128 个粉丝,充分证明了最低出价的可行性。

需要指出的是,在竞争激烈的领域,较低的出价会出现在指定推广时间内、费用无法完全消耗、涨粉低于预期的可能性。

12.11.3 查看推广成果

如果需要查看某一个账号速推订单的具体数据,可以通过进入前面讲过的"投放管理"页面,再点击此订单。

图 12-56　　　　　　　　　图 12-57

例如,点击涨粉量旁边的三角,可以看到本次推广到底新增了哪些粉丝,如图 12-58 所示。

在页面下方的互动数据和持续收益中,可以看到具体的点赞量、播放量、分享量、评论量和主页浏览量,如图 12-59 所示,便于创作者对每一个订单进行数据化分析。

图 12-58　　　　　　　　　图 12-59

12.12 账号速推与视频付费涨粉的区别

图 12-60

使用账号速推与选择视频上热门，并将投放目标选择为"粉丝量"，虽然都可以涨粉，但两者之间还是有区别的。

简单来说，前者的涨粉有确定性，而后者是不确定的。

同样都是 100 元的广告投放费用，使用账号速推所获得的粉丝最大值是确定的，如果没有调整最低出价，最多获得 100 个粉丝。

但通过将投放目标选择为"粉丝量"，抖音给定的是播放量，在给定的播放量中，创作者有可能获得的粉丝高于 100，也可能低于 100。

通过图 12-60 所示的 4 个广告投放案例可以看出，同样都是 100 元，其中最低的一单只获得了 65 个粉丝，最高的一单获得了 371 个粉丝，所以这种投放方式与视频质量、投放时间有很大关系，对于新手来说是一个挑战。

12.13 小店随心推广告投放

"小店随心推"与"DOU+ 上热门"都属于 DOU+ 广告投放体系，两者的区别是，当选择投放 DOU+ 的视频有购物车时，则显示"小店随心推"，如图 12-61 所示。

点击"小店随心推"按钮后，会显示一个简化的推广页面，如图 12-62 所示，要进入自定义参数界面，点击"去定义设置"按钮。

图 12-61

图 12-62

12.13.1　小店随心推的优化目标

　　"小店随心推"页面与前面介绍的"DOU+上热门"投放界面区别在于，"投放目标"选项改为"优化目标"选项，并且在该选项中增加了"商品购买"选项，如图 12-63 所示。

　　选择该选项后，系统会将该视频向更可能产生购买的观众推送。并且选择"商品购买"优化目标后，界面下方会相应地变更为预计产生购买的数量，如图 12-64 所示。

　　如果了解投放有可能为视频带来多少播放量，可以点击页面中间的"切换为按播放量出价"按钮，则页面将如图 12-65 所示。

图 12-63

图 12-64

图 12-65

12.13.2　达人相似粉丝推荐

　　"达人相似粉丝推荐"是"DOU+小店随心推"与"DOU+上热门"的第二个重要区别。

　　在"DOU+上热门"页面中"达人相似粉丝推荐"选项是被包含在"自定义定向推荐"内的。而在"DOU+小店随心推"界面中，"达人相似粉丝推荐"是一个单独选项，如图 12-66 所示，因此达人相似粉丝无法与性别、年龄、地域、爱好等选项相互配合使用。

图 12-66

12.14　DOU+ 投放历史订单管理

　　无论投放的是"小店随心推"还是"DOU+上热门"，都可以按下面的方法进入管理中心，从而对既往投放的订单及当前投放的订单进行管理，包括中止当前订单、查看既往订单的数据、投放新广告等。操作流程如下。

（1）点击抖音 App 右下角的"我"按钮，点击右上角的三条杠，选择"创作者服务中心"（企业用户点击"企业服务中心"）选项，进入如图 12-67 所示的页面。

图 12-67

（2）点击"上热门"按钮，进入图 12-68 所示"DOU+ 上热门"页面，点击页面右上方的人形图标 &，进入 "我的 DOU+"页面。

（3）点击页面下方中间的"投放管理"图标 ⊟。

（4）在"我的订单"区域中，可以找到既往已经投放过的订单及正在进行中的订单，如图 12-69 所示。

（5）点击"小店随心推"图标，进入"小店随心推"管理中心，在这个页面中可以直接点击红色的"推广"按钮，针对某一个视频进行推广，如图 12-70 所示。或在页面下方通过点击"我的"图标，在如图 12-71 所示的页面里，通过点击"发票中心"开发票，点击"帮助与客服"按钮进行订单咨询。

图 12-68

图 12-69

图 12-70

图 12-71

12.15 用 DOU+ 推广直播

直播间的流量来源有若干种，其中最稳定的流量来源就是通过 DOU+ 推广获得的付费流量。下面讲解两种操作方法。

12.15.1 用"DOU+上热门"推广直播间

（1）点击抖音 App 右下角的"我"按钮，点击右上角的三条杠，选择"创作者服务中心"（企业用户点击"企业服务中心"）选项。

（2）点击"上热门"按钮，进入"DOU+ 上热门"页面。

（3）点击页面右上方的人形图标ᛩ，进入"我的 DOU+"页面。

（4）点击页面左下方的"上热门"按钮⊕。

（5）在此页面的"我想要"区域点击"直播间推广"图标，如图 12-72 所示。

（6）在"更想获得什么"区域，可以从"组件击""直播间人气""直播间涨粉""观众打赏""观众互动"中选择一个。在此，建议新手主播选择"观众互动"，因为只有直播间的互动率提高了，才有可能利用付费的 DOU+ 流量来带动免费的自然流量。如果选择"直播间人气"，有可能出现人气比较高，但由于新手主播控场能力较弱，无法承接较高人气，导致出现付费流量快速进入直播间，然后快速撤出直播间的情况。

（7）在"选择推广直播间的方式"区域可以选择两个选项。如果选择"直接加热直播间"选项，则 DOU+ 会将直播间加入推广流，这意味着目标粉丝在刷直播间时，有可能会直接刷到创作者正在推广的直播间。此时，如果直播间的场景美观程度高，则粉丝有可能在直播间停留，否则就会划向下一个直播间。如果选择"选择视频加热直播间"选项，则会推广在下方选中的视频，当这条视频被粉丝刷到时，会看到头像上的"直播"字样。

（8）在"我想选择的套餐是"区域，可以点击"切换至自定义推广"按钮，从而获得更多设置关于推广的参数，如图 12-73 所示，这些参数与前面讲解过的参数意义相同，在此不再赘述。

图 12-72

12.15.2 用"DOU+小店随心推"推广直播间

（1）点击抖音 App 右下角的"我"按钮，点击右上角的三条杠，选择"创作者服务中心"（企业用户点击"企业服务中心"）选项。

（2）点击"小店随心推"按钮进入"小店随心推"管理中心。

（3）在"我想要"区域点击"直播推广"按钮，在"我希望提升"区域选择具体希望提升的选项，如图 12-74 所示。

图 12-73

可以看出，虽然同样是推广直播间，但用"DOU+小店随心推"推广直播间与用"DOU+上热门"推广直播间选项不太相同，这可能是由于这两项功能是由两个部门分别设计的原因。

在此页面的"我希望提升"选项与用"DOU+上热门"页面中的"更想获得什么"区域中的"直播间人气""直播间涨粉""观众打赏""观众互动"4 个选项基本相似，其中进入直播间 = 直播间人气；粉丝提升 = 直播间涨粉；评论 = 观众互动。

12.15.3　两种直播推广的总结

如果直播间更追求售买商品，则"小店随心推"推广直播间中的"商品点击""下单""成交"无疑更直接有效。

如果是类似于图 12-75 所示的秀场类直播间，建议用"DOU+上热门"推广；如果是卖场类直播间，则建议用"DOU+小店随心推"推广。

图 12-74

图 12-75

12.16 新账号 DOU+ 起号法

对于抖音来说，由于新账号没有历史数据可参考，账号没有什么标签，所以创作者发布的视频被推送的人群肯定不精准，坚持发布 20 ~ 40 条作品后，推送人群才会慢慢变得精准，但这个过程比较浪费时间，所以新账号如果要快速起号，减少试错时间成本，可使用下面的起号方法。

（1）按前面章节讲述的思路做主页装修，这是基础工作，主页装修效果不好，会直接影响转粉率。

（2）通过寻找对标账号，用前面讲述过的 STP 理论做精细定位，确定账号定位与作品创作方向。

（3）通过分析对标账号的成品作品，进行模仿式创作，发布 25 条以上优质作品，以丰富主页内容。

（4）选择 5 条相对优质的视频，按批量投放的形式，投 100 元系统智能推荐，目标选择涨粉。

注意：这一步的目的是要在投放结束后，通过粉丝数据来验证获得的粉丝是不是目标粉。如果是，可以重复以上步骤；如果不是，要按下面的步骤进行操作。

（5）选择 5 条相对优质的视频，按批量投放的形式，投 100 元达人相似，目标选择涨粉。

注意：不要投大 V，要投新起号的达人，因为观众对某一类的账号感兴趣的时间可能是有限的，3 个月之前对短视频运营感兴趣的，现在不一定感兴趣，而新起号的达人的粉丝相对更精准，投放的效果更好。另外，不要投放内容质量比自己的视频内容优质太多的相似达人，因为关注这样达人的粉丝不太可能关注一个质量比较低的账号，除非你的账号有明显差异化定位。

（6）分析批量投放的效果，此时 DOU+ 已经从这一批视频中找到了最优质的视频，如图 12-76 所示。

（7）针对优质视频再次投放 100 元 DOU+，仍然按达人相似进行投放。

（8）投放结束后，上传 5 个新作品，5 天后进行数据分析。首先，查看播放数据，如果播放数据超出 1000，则初步证明推送的人群已经精准了。其次，要分析投放 DOU+ 的视频受众人群画像与这些新视频的受众人群画像是否重叠，如图 12-77 所示，方法可参考前面有关视频数据分析的章节，如果两者重合度很高，则证明新账号已经有标签了，暂时不用再投放 DOU+。

图 12-76

图 12-77

（9）如果上传的新视频的播放量不高，分析数据后发现当前粉丝与目标粉丝重合度低，可以重复第（5）~（8）步。

建议用这种方法同时对两个甚至多个账号进行操作，最终哪一个账号的数据表现最好，就在这个账号上进行持续投入。

12.17 利用 DOU+ 涨粉的辩证思考

通过前面的学习，大多数新手都掌握了利用 DOU+ 涨粉的正常思路与操作方法，但同时也有部分新手发现，虽然粉丝量大了，但似乎发布新视频后基础播放量没有太大改观，这就涉及利用 DOU+ 买来的粉丝质量的问题。

12.17.1 如何验证DOU+买到的粉丝的质量

如果使用的是"账号速推"功能，验证粉丝质量的方法如下。

（1）按前面学习过的方法进入 DOU+ 管理中心，找到相应的"账号速推"订单，如图 12-78 所示。

（2）点进订单后，点击"涨粉量"右侧的数字，显示此订单买到的粉丝，如图 12-79 所示。

（3）分别点击各个头像查看其主页，例如，图 12-80 ~ 图 12-83 所示为笔者分别点击 N 个头像后的粉丝主页，可以看出来这些粉丝关注量均高达数千，这证明此粉丝的兴趣非常分散，之所以成为你的粉丝，是由于视频被推送给他（她）后，他（她）会习惯性关注，这样的粉丝均属于低质量粉丝。

如何采用的是其他投 DOU+ 的方法涨粉，验证粉丝的质量较为复杂，需要先记录投放前的粉丝状态，再进入粉丝列表中查看新粉丝的主页头像。但根据笔者的经验，除了使用对标达人及自定义推荐获得精准粉丝，利用智能推荐获得的粉丝质量均不会太高。

图 12-78

图 12-79

图 12-80

图 12-81

图 12-82

图 12-83

12.17.2　如何辩证思考涨粉利弊

通过前面的学习已经知道，利用买粉丝的方法获得的粉丝质量不会太高。那么，是不是就不应该涨粉了呢？
答案是否定的，其中的道理也比较简单。

买来的粉丝，虽然可能无法大幅度帮助创作者提高视频基础播放量，但能够起到"装点门面"的作用。因为通过自然流量吸引的粉丝，通常在关注一个账号之前，都会进入创作者主页进行查看，如果一个创作者的主页显示的粉丝数量比较少，大概率会再思考一下是否要关注此创作者，但如果创作者主页显示的粉丝数量较多，则由于从众的心理会马上关注创作者。

因此，对于新手来说，涨粉很重要，但更重要的是涨精准粉丝，前者可以通过投 DOU+ 快速获得，后者需要源源不断地产出优质视频，两者相辅相成，才可以更快成为一个大号。

12.18　同一视频是否可以多次投 DOU+

对于优质视频，虽然可以多次反复投放 DOU+，但为了获得更好的投放质量，仍然有必要控制投放次数，下面利用编者自己投放的实际案例来说明这一问题。

图 12-84 所示为投放的一个 24 小时订单，可以看出截至截图时，此订单已经投放了 29.4 小时，而且金额并没有达到额定投放的 100 元。

点击下方的"不符合预期？"蓝色文字，则会显示如图 12-85 所示的提示文字，考虑到此视频已经做过多次投放，且使用的不是自定义选项而是系统智能推荐，因此没有按时按量完成投放的原因就只有一个，即投放次数过多。

从这样的订单可以总结出来的投放经验是，即便是优质视频也不能多次频繁投放，否则可能导致投产比明显下降，甚至无法顺利完成投放。

解决的方法是改变投放的方式，例如，针对此视频采取选择对标达人的形式进行再次投放，获得了较高的投产比。但投放时选择的对标达人均非与视频内容摄影相关的达人，而是与数码科技、旅游、金融相关的达人，因为喜欢摄影的人群大部分也关心数码科技、旅游和金融。

这个投放经验有助于新手打开自己的流量池，使自己的粉丝来源更加多元化，有效拓展粉丝来源。

图 12-84

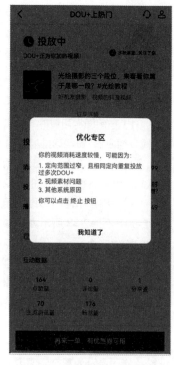

图 12-85